US-Feuerwehr-GIGANTEN

EAST VINELAND
F-1222

Jürgen Kiefer

US-Feuerwehr-GIGANTEN

Kosmos

Umschlag gestaltet von Atelier Reichert, Stuttgart, unter Verwendung eines Fotos von Jürgen Kiefer: 343 Feuerwehrleute fanden den Tod, 93 Fahrzeuge wurden zerstört, 170 weitere teilweise stark beschädigt: Das ist die schreckliche Bilanz des Fire Department New York (FDNY) nach dem Terroranschlag vom 11. September 2001. Dem Team der „Fleet Service and Technical Division", zuständig für die riesigen Werkstätten der Feuerwehr, gelang es in einer außerordentlichen Kraftanstrengung, diese 170 Fahrzeuge innerhalb kürzester Zeit zu reparieren und wieder dem aktiven Dienst zuzuführen. Beim Anschlag unbeschädigt blieb Ladder 23, ein typischer Vertreter der Hubrettungsfahrzeuge des FDNY. Der 75-ft-Aerialscope-Teleskopmast wurde im Jahr 1998 auf einem Chassis von Seagrave aufgebaut. Durch seine sechsfache Abstützung besitzt der Truck eine besonders große Standsicherheit.
Rückseite: Wenn es um ungewöhnliche Fahrzeuglackierungen geht, sind Firetrucks aus Pennsylvania immer die erste Wahl. Das Salunga Vol. FD (der Ortsname ist indianischen Ursprungs, eine entsprechende Reminiszenz findet sich auf den Fahrzeugtüren) stellte im Jahr 1997 diesen schweren Pumper-Tanker aus der Produktion von S&S Fire Apparatus in Dienst. Die Pumpenleistung beträgt 1000 gpm, der Tankinhalt 3500 Gallonen. Als Chassis kam ein Peterbilt 377 zur Verwendung. Foto: Jürgen Kiefer
Zum Bild auf Seite 2: Feuerwehren in ländlichen Gebieten mit ungenügender Wasserversorgung halten oft große Tanker auf Sattelschlepperbasis vor. Das East Vineland Vol. FD/New Jersey beschaffte im Jahr 2001 diesen Freightliner FLD 112 mit 8000-Gallonen-Auflieger mit Edelstahltank von Semo und 750-gpm-Pumpe. Foto: Joel L. Gebet
Bild auf Seite 5: „Murals", künstlerische Darstellungen von Comic-Figuren, Feuerwehrfahrzeugen und historischen Brandereignissen haben in den letzten Jahren einen festen Platz als dekoratives Stilelement auf den Firetrucks gefunden. Als Zeichen des Gedenkens an die Ereignisse des 11. September ließ die Fair Lawn Fire Company/New Jersey auf einem neuen Pumper dieses großflächige Bild anbringen. Foto: Joel L. Gebet

Die Deutsche Bibliothek – CIP-Einheitsaufnahme

Ein Titelsatz für die Publikation ist bei Der Deutschen Bibliothek erhältlich

Inhalt

ISBN 3-440-09379-4
Lektorat und Herstellung: Siegfried Fischer, Stuttgart
Printed in Czech Republic/Imprimé en République tchèque
Satz: Typomedia Satztechnik, Ostfildern
Repro: Typomedia Satztechnik, Ostfildern
Druck und Bindung: Slovenska Grafia, Bratislava

Vorwort

Löschfahrzeuge mit Pumpenleistungen von über 22000 Litern in der Minute, Tanker mit Wasservorräten von mehr als 40000 Litern, „Crash-Trucks" für die Flugzeugbrandbekämpfung mit Motorenleistungen bis zu 1600 PS, Sonderfahrzeuge der Werkfeuerwehren, die herkömmliche Dimensionen sprengen, Drehleitern auf Sattelschlepperbasis, „Quints", welche die Ausrüstungen von Engines und Ladders auf einem Truck vereinen sowie die besonders eindrucksvollen „Heavy Rescues": Feuerwehrfahrzeuge aus den Vereinigten Staaten üben eine ganz besondere Faszination aus, die nicht nur den technisch Interessierten gefangen nimmt. Was aber macht diese Faszination aus: Neben der überaus großen Typenvielfalt, den zahllosen Aufbauvarianten, Lackierungen in fast allen Farben, der liebevollen Ausstattung der Firetrucks mit optischen und akustischen Warneinrichtungen, historischen Symbolen und handgemalten Dekorationen, ist es vor allem die schiere Größe dieser Giganten, die den Betrachter beeindruckt.
Zur Größe der Fahrzeuge tragen verschiedene Faktoren bei, die teilweise historisch begründet sind. In der Entwicklung der Feuerwehrfahrzeuge nimmt die amerikanische Industrie seit jeher eine Sonderstellung ein. Bei den Löschfahrzeugen, den „Engines", konnten die schon in frühen Jahren von den Feuerwehren geforderten hohen Pumpenleistungen nur von Fahrzeugen mit entsprechend hohen Motorleistungen erbracht werden. Bedingt durch die mangelnde Leistungsfähigkeit und Qualität der zur Verfügung stehenden handelsüblichen Chassis, brachte die US-Feuerwehrgeräteindustrie schon sehr früh Fahrgestelle aus eigener Entwicklung, sogenannte „Custom-Chassis", auf den Markt, die speziell für die besonderen Anforderungen der amerikanischen Feuerwehren ausgelegt waren und nur die besten und leistungsfähigsten Komponenten enthielten.

Großtanklöschfahrzeuge, „Pumper-Tanker", haben in den USA eine weite Verbreitung gefunden, da besonders in den ländlichen Regionen nicht auf leistungsfähige Hydrantennetze zurückgegriffen werden kann. Bei Großeinsätzen wird daher oft eine ganze Armada von Pumper-Tankern zur Wasserversorgung eingesetzt. Die Tankinhalte dieser Fahrzeuge sind wesentlich höher ausgelegt als bei vergleichbaren Fahrzeugen hierzulande. Als Chassis finden hier sehr oft die so typisch amerikanischen „Commercial-Trucks" mit ihren langen Hauben Verwendung.
Wahre Giganten unter den Feuerwehrfahrzeugen sind die „Crash Rescue Trucks" der Flughafenfeuerwehren, gilt es doch, in kürzester Zeit große Mengen an Löschmitteln zum Einsatzort zu bringen. Da diese Aufgabenstellung weltweit gleich ist, unterscheiden sich die amerikanischen Vertreter von der Größe her kaum von Fahrzeugen in den übrigen Teilen der Welt.
Bei den Drehleitern, den „Aerial Ladder Trucks", verlief die Entwicklung völlig konträr zu jener in Europa. Die Leitersätze mit 20 – 30 Metern Auszugslänge waren oft nur zwei- oder dreiteilig ausgeführt, was zu einer enormen Gesamtlänge der Fahrzeuge führte. Aus diesem Grund ging man schon sehr früh zur „Sattelschlepperbauart" über, Drehleitern auf Aufliegern mit gelenkter Hinterachse, gezogen von kompakten Zugmaschinen. Diese Bauweise erfreut sich, neben Drehleitern herkömmlichen Stils, bis in die heutige Zeit einer regen Nachfrage, sie blieb jedoch interessanterweise ausschließlich auf Nordamerika beschränkt. Weitere Merkmale, die zum imponierenden Aussehen der amerikanischen Hubrettungsfahrzeuge beitragen, sind u. a. die massive Bauweise der Drehleitern und Leiterbühnen, die im Vergleich zu europäischen Fahrzeugen sehr hohe Spitzenlasten in allen Leiterstellungen zulassen, sowie die teilweise gewaltigen und bis zu sechsfach vorhandenen Abstützungen. Besonders bei freiwilligen Feuerwehren, zunehmend aber auch bei den Berufsfeuerwehren, beliebt sind die „Quints", die neben der Drehleiter oder dem Gelenkmast zusätzlich mit Pumpe, Wassertank, Schlauchvorrat und tragbaren Leitern ausgerüstet sind und ein entsprechend hohes Gesamtgewicht besitzen.
Auch bei den Rüstwagen („Rescue Trucks") und den Gefahrgutfahrzeugen („Hazardous Materials Trucks") geht die Tendenz klar zu schweren, oft dreiachsigen Fahrzeugen. Einige besonders leistungsfähige Exemplare sind zusätzlich mit am Heck montierten Kränen ausgestattet.
An dieser Stelle gilt mein Dank den amerikanischen Fotografen, ohne die das Entstehen dieses Buches nicht möglich gewesen wäre. Besonders sei hier meinem Freund Joel L. Gebet, Clark/New Jersey, gedankt, der das Projekt in seiner ganzen Entstehungszeit auf vielfältige Weise unterstützt hat. Last but not least danke an die vielen Feuerwehrangehörigen, die durch das Rangieren der Fahrzeuge zum bestmöglichen Foto beitrugen.
In den ausführlichen Bildtexten sind aus Authentizitätsgründen die US-Bezeichnungen für Fahrzeuge, Maße, Gewichte u. ä. genannt. Auf der letzten Seite dieses Buches werden die deutschen Entsprechungen tabellarisch aufgeführt.
Buseck, im Juli 2002
Jürgen Kiefer

American LaFrance: Seit nahezu 100 Jahren der berühmteste Name im amerikanischen Feuerwehrfahrzeugbau. Viele Höhen und Tiefen erlebte das Unternehmen, das heute eine sichere Kapitalbasis innerhalb der Freightliner-Gruppe, einer Tochtergesellschaft von DaimlerChrysler, gefunden hat..
Engine 11 des Front Royal Volunteer Fire Department/Virginia, ist ein 88er-Century-2000-Pumper mit erhöhtem Kabinendach. Das Fahrzeug ist mit einer 2000-gpm-Pumpe und einem 750-Gallonen-Wassertank ausgestattet.
Foto: Shaun P. Ryan

American LaFrance, seit Beginn der 90er Jahre finanziell stark angeschlagen, wurde im Jahr 1995 von Freightliner übernommen. Erste Fahrzeugneuentwicklung nach der Übernahme war das Eagle-Custom-Chassis mit seiner gelungenen Kabinenform. Hier ein sehr attraktiver Eagle 134 RR (für Raised Roof) mit einem Aufbau von 3-D Fire Apparatus, einem der mittlerweile zur American LaFrance-Familie gehörenden Feuerwehrfahrzeughersteller. Engine 13 des Wood River Fire Department/Illinois stammt aus dem Jahr 2000. Die Pumpenleistung beträgt 2000 gpm, der Wassertankinhalt 750 Gallonen. Foto: Dennis J. Maag

Das Red, White and Blue Fire Department in Breckenridge/Colorado, eines der bekanntesten Wintersportzentren Nordamerikas, stellte im Jahr 2000 diesen ungewöhnlichen American LaFrance Eagle 134 RR in Dienst. Bedingt durch die alpine Lage des Ortes sind alle Fahrzeuge der Wehr mit Allradantrieb ausgestattet. Den Aufbau des Fahrzeugs führte die Firma Becker Fire Apparatus aus, einer von neun früher selbstständigen Herstellern, die von American LaFrance übernommen wurden. Engine 613 ist mit einer 1500-gpm-Pumpe ausgestattet. An Löschmitteln werden neben 500 Gallonen Wasser auch je 50 Gallonen Schaummittel der Klasse A und B mitgeführt. Foto: Dennis J. Maag

Ein ganz seltenes Exemplar eines Pumpers begegnete dem Fotografen auf einer Tour durch Südkalifornien im Jahr 1999. Unweit der Millionenstadt San Diego liegen in einer herrlichen Bergwelt die kleinen Orte Julian und Cuyamaca. Der bereits hochbetagte Fire-Chief präsentierte stolz diesen 91er-Ottawa-Custom-Pumper, eines von nur drei gebauten Fahrzeugen dieses Typs mit Allradantrieb. Der Aufbau stammt von dem heute nicht mehr existierenden kalifornischen Hersteller Beck. Engine 74 des Julian-Cuyamaca Fire Protection District besitzt eine 1500-gpm-Pumpe und einen großen 1000-Gallonen-Wassertank. Foto: Jürgen Kiefer

Für Fans ungewöhnlich lackierter Feuerwehrfahrzeuge ist der Bundesstaat Pennsylvania eine wahre Fundgrube. Das Lehigh Township Volunteer Fire Department hat für seine Firetrucks diesen interessanten rot-über-weiß-über-blau-Farbmix gewählt. Die Feuerwehr beschaffte im Jahr 1999 diesen schweren Custom-Pumper des Typs HME 1871 MFD, der Aufbau stammt von dem zur Rosenbauer-Gruppe gehörenden Hersteller Central States Fire Apparatus. Die Pumpenleistung des attraktiven Fahrzeugs beträgt 2000 gpm, der Tankinhalt 1000 Gallonen Wasser und 50 Gallonen Schaummittel. Der Pumpenstand befindet sich „top-mount“ erhöht hinter der Fahrerkabine. Foto: Joel L. Gebet

Seattle, die Metropole im Nordwesten der Vereinigten Staaten, ist Stammsitz weltbekannter Unternehmen wie Boeing und Microsoft. Auch Kenworth, Hersteller schwerer Lastwagen, ist in dieser Stadt beheimatet. Deshalb war die Berufsfeuerwehr auch mit Löschfahrzeugen und Drehleitern auf Chassis von Kenworth ausgestattet. 1994 fand der Fotograf diesen schweren Pumper des Typs W-900 von 1973 noch im Einsatzdienst. Der Aufbau stammt vom kleinen örtlichen Hersteller Curtis-Heiser, Pumpenleistung 1750 gpm, Wassertankinhalt 500 Gallonen. Keines der Kenworth-Fahrzeuge ist heute mehr vorhanden, an deren Stelle sind Custom-Pumper von Emergency One getreten. Foto: Jürgen Kiefer

Heiße Sommer und extrem kalte Winter: Die klimatischen Bedingungen in Minnesota stellen besonders hohe Anforderungen an das Personal der Fire Departments. Durch die Zusammenarbeit der Feuerwehren mit den regionalen Aufbauherstellern entstanden Konzepte, die man nur in diesem Teil der USA findet: Schwere Commercial-Fahrgestelle mit großen, vollklimatisierten Mannschaftskabinen, die erhöht gebaut sind und eine hervorragende Rundumsicht bieten. Das Cottage Grove Fire Department beschaffte im Jahr 1990 diesen Peterbilt 377 mit Aufbau von Custom Fire. Engine 26 besitzt eine 1500-gpm-Pumpe und einen für die Fahrzeuggröße bescheiden dimensionierten 500-Gallonen-Tank. Foto: Dan Goyer

Emergency One (E-One) gehört heute, neben Pierce und American LaFrance, zu den größten Anbietern von Feuerwehrfahrzeugen in den Vereinigten Staaten. Für das Creswell Fire Department/Oregon baute die Firma im Jahr 1992 dieses ungewöhnliche Löschfahrzeug. Basis ist ein schweres Commercial-Chassis des Typs S 2674 von International mit werksseitig erstellter Fahrer- und Mannschaftskabine. Engine 714 ist mit einer Vorbaupumpe von 1250 gpm ausgestattet, welche das Fahrzeug noch imposanter erscheinen lässt. Auf den Aufbau mit 500-Gallonen-Tank wurde zusätzlich ein E-One Löscharm mit 50 ft Höhe montiert. Besonders in den ländlichen Gebieten des Nordwestens der USA sind auch heute noch Löschfahrzeuge mit Vorbaupumpen gefragt. Foto: Bill Hattersley

Ebenfalls aus dem Jahr 1992 stammt dieser E-One Cyclone des Chicago FD, der auf dem Chicago O'Hare International Airport stationiert ist. Hauptsächlich für den Gebäudebrandschutz angeschafft, kommt das Fahrzeug aufgrund seiner Löschmittel aber auch bei Flugzeugunfällen zum Einsatz. Engine 10 besitzt eine 2000-gpm-Pumpe und verfügt neben 750 Gallonen Wasser, 200 Gallonen Schaummittel und 500 Pounds Halon auch über einen E-One-Teleboom-Löscharm von 50 ft Höhe. Foto: Garry E. Kadzielawski

KME (für Kovatch Mobile Equipment) hat sich in relativ kurzer Zeit zu einem der führenden Komplettherstellern des Landes entwickelt. Besonders auch bei den großen Custom-Pumpern ist das Unternehmen sehr gut vertreten. Ein eindrucksvolles Exemplar bereichert seit dem Jahr 1998 den Fahrzeugpark des Prospect Park Volunteer Fire Department/ Pennsylvania. Basis ist ein KME Excel mit Command-Cab, das derzeitige Spitzenmodell der Firma. Den Aufbau mit 2000-gpm-Pumpe und 500-Gallonen-Tank vervollständigt ein 50-ft-Snozzle-Löscharm des texanischen Spezialisten Crash Rescue Equipment Service (CRES). Diese Löscharme mit Lanze an der Spitze finden sich normalerweise auf Flughafenlöschfahrzeugen, weniger bei Pumpern kommunaler Wehren. Foto: Joel L. Gebet

Die finanzstarken Kommunen auf Long Island, der großen New York vorgelagerten Insel, unterhalten durchweg hervorragend ausgestattete freiwillige Feuerwehren mit teilweise einzigartigen Fahrzeugen. Auch das West Babylon Fire Department hatte besondere Wünsche an KME bei der Anschaffung einer neuen Engine im Jahr 1995. Auffälliges Merkmal dieses Super-Pumpers auf KME Renegade-Chassis ist die sechstürige Fahrer- und Mannschaftskabine, wobei sich der geschlossene Pumpenstand bereits im Aufbau befindet. Detroit-Diesel-Motor mit 500 PS, 2000 gpm Pumpenleistung, 600 Gallonen Wasser und 100 Gallonen Schaummittel sind die beeindruckenden technischen Daten dieses absoluten Einzelstückes. Foto: Joel L. Gebet

Die in Rockwood/Pennsylvania ansässige New Lexington Fire Equipment Co. ist ein Newcomer im Bau von Feuerwehrfahrzeugen. Die kleine Firma erwarb sich schnell einen guten Ruf bei den Fire Departments der Region und ist für Sonderwünsche immer offen. Für das Witmer Vol. FD/Pennsylvania entstand im Jahr 1999 diese schwere Engine mit 2000-gpm-Pumpe und 600-Gallonen-Wassertank. Als Chassis wählte man einen HME 1871 LFD mit Allradantrieb. Foto: Joel L. Gebet

Links oben: Tradition verpflichtet. Castle Shannon in Pennsylvania ist eine Gründung irischstämmiger Einwanderer, daher kommt die Feuerwehr selbstverständlich in grün daher. Engine 12 (The Green Hornet) ist ein 97er-2000-gpm-Pierce-Arrow mit einem 750-Gallonen-Tank. Der Arrow war im Jahr 1979 der erste Custom-Pumper und 20 Jahre Spitzenmodell des renommierten Unternehmens, das heute Marktführer für Feuerwehrfahrzeuge in den USA ist. Die Produktion des Arrow wurde im Jahr 2002 eingestellt.
Foto: John Schmidt

Links unten: Der im Jahr 1995 präsentierte Quantum brachte Pierce einen Innovationsvorsprung und war ein würdiger Nachfolger des Arrow. Trotz anfänglicher Skepsis wegen der ungewöhnlichen Frontpartie wurde der Quantum ein großer Erfolg für Pierce. Dieser mächtige Rescue-Pumper wurde im Jahr 2000 an das West Point FD/Pennsylvania ausgeliefert. Die Pumpe liefert 2250 gpm, der Tankinhalt beträgt 750 Gallonen Wasser und 70 Gallonen Schaummittel. Der hohe Aufbau enthält eine komplette Rüstwagenausstattung. Foto: Joel L. Gebet

Die in Tully im Staat New York beheimatete Saulsbury Fire Apparatus genießt einen hervorragenden Ruf bei den Feuerwehren Nordamerikas. Die Aufbauten der Fahrzeuge werden vorwiegend aus rostfreiem Stahl hergestellt. Die Firma gehört heute, wie auch Emergency One und Bronto-Skylift, zur Federal Signal Group. Das Port Penn Vol. Fire Department in Delaware erhielt im Jahr 1993 diesen Saulsbury-Pumper auf einem Chassis des Typs Simon-Duplex 9500 Command. Die Pumpenleistung des Fahrzeugs beträgt 2000 gpm, der Tankinhalt 1000 Gallonen Wasser und 30 Gallonen Schaummittel. Foto: Jürgen Kiefer

Löschfahrzeuge mit Pumpenleistungen über 2000 gpm bilden auch heute noch eine sehr große Ausnahme bei den kommunalen Feuerwehren. Für das Highland FD/Indiana baute die Firma Saulsbury im Jahr 1996 diesen 2500-gpm-Super-Pumper auf einem Chassis des Typs Simon-Duplex D-9400. Ein 500-Gallonen-Wassertank, 100 Gallonen Schaummittel sowie ein Telesqurt-Löscharm mit 65 ft Höhe sind die weiteren Ausstattungsmerkmale des in einem recht interessanten mattschwarz-über-gelb lackierten Fahrzeugs. Auch heute noch entscheiden sich nur relativ wenige Feuerwehren in den USA für Rolladenverschlüsse in den Aufbauten. Foto: Garry E. Kadzielawski

Sieger im Wettkampf um die höchsten Pumpenleistungen blieb im Jahr 1999 eine kleine freiwillige Feuerwehr auf Long Island. Das Melville FD stellte in diesem Jahr zwei dieser massiven Saulsbury-Engines in Dienst. Als Fahrgestelle kamen Spartan Gladiator Super Command zur Verwendung, die Pumpen der Fahrzeuge liefern unglaubliche 3000 gpm, es werden 1000 Gallonen Wasser und 30 Gallonen Schaummittel befördert. Fahrzeugpumpen dieser Größenordnung findet man ansonsten nur bei Industrielöschfahrzeugen. Foto: Joel L. Gebet

Die international berühmte Seagrave Corporation hat heute nicht mehr ihre einstige Bedeutung. Nach wie vor ist das Unternehmen jedoch Hauslieferant der Feuerwehr von New York City. Hauptsächlich für freiwillige Feuerwehren in kleineren Städten baute die Firma in den letzten Jahren eine Reihe von bildschönen Fahrzeugen. Dieser schwere Seagrave TC mit einer Command-Cab wurde für die Maltby Fire Co. in Swoyersville/Pennsylvania hergestellt und im Jahr 1995 an diese übergeben.
Dieser sehr edle, ganz in schwarz gehaltene 2000-gpm-Pumper ist mit einem 750-Gallonen-Wassertank und 40 Gallonen Schaummittel ausgestattet. Foto: Joel L. Gebet

Wiederum von Long Island stammt dieser prächtige Pumper. Hicksville, eine Stadt mit 40000 Einwohnern unterhält eine hervorragend ausgestattete Feuerwehr mit 5 Wachen.
Für sämtliche Großfahrzeuge wurden Custom-Fahrgestelle von Sutphen verwendet. Dieses renommierte und konservative Unternehmen befindet sich nach wie vor im Familienbesitz. Engine 935 ist ein 94er-Sutphen Deluge-Command mit 2000 gpm Pumpenleistung und 500-Gallonen-Wassertank. Foto: Jürgen Kiefer

Ein weiterer Pumper von Sutphen, und auch dieses Fahrzeug kommt aus Long Island. Das North Babylon Vol. FD stellte im Jahr 1997 ein schweres Schaumlöschfahrzeug in Dienst. Auch dieser Sutphen Deluge ist mit einer Command-Cab ausgestattet Wie beim Fahrzeug aus Hicksville leistet die Pumpe 2000 gpm, Tankinhalte 775 Gallonen Wasser und 200 Gallonen Schaummittel. Auf dem Aufbaudach befindet sich ein leistungsstarker Werfer. Foto: Joel L. Gebet

Ein attraktiver Sutphen Deluge mit Allradantrieb befindet sich seit 1998 beim Copper Mountain Ski Resort FD in Colorado. Die nichtkommunale Wehr ist für den Brandschutz einer modernen Skistation verantwortlich. Dem Namen entsprechend ist die Lackierung kupfer-metallic. Eine Besonderheit ist die Anordnung des Pumpenstandes „top-mount", jedoch seitlich. Daten: 1500-gpm-Pumpe, 500 Gallonen Wasser, 30 Gallonen Schaummittel. Foto: Dennis J. Maag

Die Hand-In-Hand Fire Company des winzigen Örtchens Bird-In-Hand, mitten im „Amish-Country" von Pennsylvania gelegen, beschaffte im Jahr 2000 diesen prächtigen Pierce-Pumper. Basis ist ein Pierce Lance mit Command-Cab und geschlossenem top-mount-Pumpenstand. Ausgestattet ist Engine 4-1-1 mit einer großen 2250-gpm-Pumpe, 900 Gallonen Wasser und 50 Gallonen Schaummittel. Zusätzlich ist ein CAFS-System eingebaut. Foto: Joel L. Gebet

Besonders in den ländlichen Gebieten der USA sind Pumper-Tanker und Tanker weit verbreitet. Die Größenordnungen dieser Fahrzeuge reichen von 1000-Gallonen-Tankern bis hin zu riesigen, auf Sattelschlepperbasis aufgebauten Trucks mit Wassertanks bis über 10000 Gallonen. Bei der Ellendale Vol. Fire Co. in Delaware fand der Fotograf im Jahr 1996 noch diese Rarität vor. In nur wenigen Exemplaren baute Maxim auf dem S-Custom-Chassis große Tanklöschfahrzeuge. Dieses Prachtstück stammt aus dem Jahr 1968, besitzt eine 1000-gpm-Pumpe und befördert 2000 Gallonen Wasser. Foto: Jürgen Kiefer

Hier eine weitere große Rarität: Die in Los Angeles beheimatete Crown Coach Corporation baute lediglich drei ihrer Firecoach-Customfahrzeuge in der Ausführung als Pumper-Tanker. Für das Carmichael FD/California erstellte das Unternehmen im Jahr 1964 diesen massiven Truck mit 1500 gpm Pumpenleistung und 2700-Gallonen-Tank. Auf einer Tour durch Nordkalifornien fand der Fotograf im Jahr 1992 das Fahrzeug, das sich nun im Zweitbesitz beim Northside FPD in Cool befindet. Foto: Garry E. Kadzielawski

Nur selten trifft man Fahrzeuge von Diamond-Reo bei den Feuerwehren an. Dieses äußerst gepflegte Exemplar von 1975 befindet sich noch im Besitz des Oxford Vol. FD in New Jersey. Hersteller des Aufbaus war die kleine, nur regional tätige Firma TASC, die Pumpe liefert 750 gpm, der Tankinhalt beträgt 2300 Gallonen. Sowohl Diamond-Reo als auch TASC sind Geschichte, beide Unternehmen sind bereits seit etlichen Jahren nicht mehr existent. Foto: Joel L. Gebet

Bleiben wir bei den Raritäten: Im Jahr 1976 gab Dodge den Bau von Schwerlastwagen auf.
Die letzte Entwicklung der Firma war der Typ Big Horn, der in lediglich 261 Exemplaren gebaut wurde. Vermutlich das einzige Feuerwehrfahrzeug auf diesem Chassis ist dieser große Tanker des Reardan Fire Department/Washington. Das Chassis stammt aus dem Jahr 1976, der Aufbau wurde von der Firma General Truck im Jahr 1983 erstellt. Die kleine PTO-Pumpe liefert 250 gpm, der Tank enthält 3500 Gallonen. Foto: Bill Hattersley

Wenn es um den Transport großer Wassermengen geht, sind Pumper-Tanker auf Sattelschlepperbasis erste Wahl. Bei den Feuerwehren der Bundesstaaten an der Ostküste findet man diese Fahrzeuge recht häufig. Den Fahrzeugpark der Minotola Fire Company in Buena Borough/New Jersey bereichert dieser schwere Sattelzug. 9000 Gallonen Wasser fasst der 1966 von Heil gebaute dreiachsige Auflieger mit 2000-gpm-Pumpe, die Zugmaschine stammt von 1981 und ist ein GMC General. Elegant wirkt die schwarze Lackierung mit goldfarbener Beschriftung. Foto: Joel L. Gebet

Absoluter Klassiker unter den amerikanischen Commercial-Trucks ist der Mack R, der heute in dieser Form nicht mehr gebaut wird. Die freiwillige Feuerwehr in Jackson/New Hampshire besitzt diesen Mack R-688 aus dem Jahr 1991. Der Aufbau stammt vom Tankhersteller Trans-Tech, die Pumpenleistung beträgt 1250 gpm, der Tankinhalt 2000 Gallonen. Eine Besonderheit ist die Anordnung des Pumpenstandes auf der rechten Fahrzeugseite. Foto: Jürgen Kiefer

Das Ludwigs Corner Vol. FD/Pennsylvania stellte im Jahr 1998 diesen großen Tanker in Dienst. Als Trägerfahrzeug stand eine gebraucht erworbene und bereits aus dem Jahr 1980 stammende vierachsige Schwerlastzugmaschine des Typs Mack R zur Verfügung. Der Aufbau wurde vom Spezialisten 4-Guys neu erstellt, der Tank fasst 4000 Gallonen Wasser, zusätzlich wurde eine Hochdruckpumpe eingebaut. Foto: Joel L. Gebet

Zwei weitere Mack-Klassiker als Tanker im Dienst der Feuerwehr: Das East Vineland FD/New Jersey besitzt dieses hervorragend gepflegte Exemplar aus dem Jahr 1961. Die Mack-B-61-Zugmaschine zieht einen Trailmobile-Auflieger mit 5000 Gallonen Tankinhalt. Das Fahrzeug erhielt im Jahr 2001 einen größeren Nachfolger (siehe Seite 2) und es bleibt zu hoffen, dass es von der Verschrottung verschont bleibt. Foto: Joel L. Gebet

Würdiger Nachfolger der B-Serie von Mack war der Typ R, der im Jahr 1967 erschien. Ein besonders eindrucksvoller Vertreter ist dieser Pumper-Tanker der Squankum Fire Company in Howell Township/New Jersey. Die R-686-Zugmaschine von Mack stammt aus dem Jahr 1989 und erhielt von 4-Guys eine 1500-gpm-Pumpe. Der Auflieger wurde im Jahr 1999 von S&S gefertigt, der Edelstahltank fasst 6000 Gallonen Wasser. Foto: Joel L. Gebet

Ein sehr attraktiver Tanker auf Sattelschlepperbasis befindet sich im Besitz des Greenwood Vol. FD in Delaware. Tanker 78-5 ist ein 89er Freightliner Classic, der einen von Fruehauf im Jahr 1981 gebauten 8600-Gallonen-Auflieger zieht. Die löschtechnische Ausrüstung mit 1000-gpm-Pumpe wurde von Mitgliedern der Feuerwehr selbst eingebaut. Dem Ortsnamen entsprechend, sind alle Fahrzeuge der Wehr grün lackiert. Foto: Shaun P. Ryan

Stehen ausreichende finanzielle Mittel zur Verfügung, entscheiden sich die Feuerwehren bei der Anschaffung von Pumper-Tankern oft für Custom-Fahrzeuge. Dieser herrliche American LaFrance Century wurde im Jahr 1985 vom West Kittanning FD/Pennsylvania beschafft. Die Pumpenleistung von Engine 244 beträgt 2000 gpm, der Tankinhalt 2000 Gallonen. Bei dem Fahrzeug dürfte es sich um eines der letzten der Century-Serie handeln. Foto: John R. Schmidt

In ganz geringen Stückzahlen baut HME seit dem Jahr 1986 das Commercial-Chassis des Typs VT-100. Das Alpine Township FD in Comstock Park/Michigan besitzt gleich zwei dieser sehr seltenen Fahrzeuge, einen Pumper und diesen Pumper-Tanker. Engine 8 wurde von der Firma 3-D Fire Apparatus im Jahr 1988 aufgebaut. Die Pumpenleistung beträgt 1250 gpm, der Tankinhalt 2000 Gallonen. Erhöhte „top-Mount"-Pumpenstände findet man bei Tankern relativ selten, sehr viel häufiger sind sie bei Pumpern anzutreffen. Foto: Garry E. Kadzielawski

Water Tender 21 des San Luis Obispo County Airport in Kalifornien ist ein 88er Kenworth C 570. Der Aufbau wurde in den Werkstätten des California Department of Forestry (CDF) erstellt. Diese staatseigene Behörde ist mit über 9000 Feuerwehrmännern und -frauen und 500 Feuerwachen eine der tragenden Säulen des Brandschutzes in Kalifornien und hat eine große Basis auf dem Regionalflughafen dieser mittelkalifornischen Universitätsstadt. Die Pumpenleistung des Fahrzeugs beträgt 500 gpm, der Tank enthält 2800 Gallonen. Foto: Jürgen Kiefer

Im Bundesstaat Delaware findet man außer einer Berufsfeuerwehr ausschließlich freiwillige Feuerwehren, die durchweg eine sehr gute Fahrzeugausstattung besitzen. Dieser große Simon-Duplex des Tys D-500 wurde im Jahr 1991 von Grumman für das Odessa Vol. FD aufgebaut. Tanker 24 ist mit einer 1750-gpm-Pumpe, 3000 Gallonen Wasser und 50 Gallonen Schaummittel ausgestattet. Grumman hat vor einigen Jahren den Bau von Feuerwehrfahrzeugen aufgegeben. Die Firma ist heute vor allem im Rüstungssektor aktiv. Foto: Jürgen Kiefer

Und noch ein Mack, hier jedoch der seit bereits 25 Jahren fast unverändert gebaute Frontlenker des Typs MR. Dieser Typ war viele Jahre bei Feuerwehren in den USA und Kanada sehr verbreitet. Engine 1 des Sherborn FD/Massachusetts ist dieser ungewöhnliche Pumper-Tanker-Aerial, der im Jahr 1993 auf einem Chassis des Typs MR 688S in Dienst gestellt wurde. Der Aufbau mit Mannschaftskabine stammt von 3-D Fire Apparatus, Pumpenleistung 1500 gpm, Tankinhalt 1500 Gallonen Wasser. Zusätzlich ist ein KME-Löscharm mit 55 ft Auszugslänge montiert. Foto: Shaun P. Ryan

Aufbauten mit unverkleideten Edelstahltanks sind eine Spezialität der 4-Guys Inc. aus Meyersdale/Pennsylvania. Dass diese Fahrzeuge sehr attraktiv sein können, beweist eindrucksvoll Tanker 24 der Community Fire Company in Lisburn/Pennsylvania, der 1993 auf einem Autocar ACL 64 in Dienst gestellt wurde. Die Pumpe leistet 1500 gpm, der Tank enthält 3000 Gallonen Wasser. Die aparte weiß-über-orange-Lackierung findet man nur selten bei den Feuerwehren. Auch die Berufsfeuerwehr Baltimore/Maryland hat dieses Farbschema zwischenzeitlich aufgegeben. Foto: Shaun P. Ryan

Ein weiteres interessantes Großtanklöschfahrzeug aus Pennsylvania wird mit dem Tanker 54 aus Londonderry präsentiert. Basis dieses massiven Trucks ist ein Spartan Gladiator LFD, der Aufbau stammt von Saulsbury. Das im Jahr 1994 ausgelieferte Fahrzeug ist mit einer 1750-gpm-Pumpe und 3000-Gallonen-Tank ausgestattet. Weitere 2500 Gallonen Wasser können in dem hinten rechts erkennbaren Falttank bereitgestellt werden.

Voller Patriotismus und nur in Amerika möglich, verkündet die Feuerwehr auf ihren Fahrzeugen, dass sie für den Brandschutz im berühmt-berüchtigten Kernkraftwerk Three Mile Island zuständig ist. Foto: Jürgen Kiefer

Das Green Creek Vol. FD/New Jersey ist, dem Ortsnamen entsprechend, mit grünen Fahrzeugen ausgerüstet. Dieser bullige Peterbilt 357 befindet sich seit 1994 im Fahrzeugpark der Wehr. Auch in Green Creek entschied man sich beim Aufbau für einen unverkleideten Edelstahltank, ausgeführt wurde er vom Spezialunternehmen Walker Stainless Equipment, Florida. Die Pumpenleistung beträgt 1500 gpm, der große Tank enthält 4000 Gallonen. Foto: Joel L. Gebet

Ein weiterer Pumper-Tanker aus der Produktion von 4-Guys: Das West Annapolis Vol.FD/Maryland beschaffte im Jahr 1995 diesen 3000-Gallonen-Tanker auf Freightliner FLD 120 SD für seinen Fahrzeugpark. Nur relativ selten werden heute noch Vorbaupumpen verlangt, das 1000-gpm-Aggregat lässt das Fahrzeug noch massiver erscheinen Zusammen mit International ist Freightliner heute Marktführer für Commercial-Chassis bei den US-Wehren. Foto: Shaun P. Ryan

Eine wechselvolle Geschichte kann dieser ungewöhnliche American LaFrance Century aufweisen. Im Jahr 1983 stellte das Fire Department New York das Fahrzeug als (zweiachsige) Engine 309 in Dienst. Der Pumper wurde im Jahr 1997 vom Thompsontown Vol. FD in Pennsylvania übernommen und vollständig incl. Einbau einer dritten Achse von einem örtlichen Karosseriebauer und der Feuerwehr zum Tanker-Pumper umgebaut Die 1000-gpm-Pumpe wurde überholt, ein neuer 3000-Gallonen-Tank verwendet. Nach mehr als zweijähriger Umbauzeit präsentierte sich der frischlackierte Juniata 83 (Name des Landkreises) im Mai 1999 dem Fotografen. Foto: Jürgen Kiefer

Das Grant County liegt im extrem trockenen Osten des Bundesstaates Washington. Die Feuerwehr des Kreises verfügt über diverse Tanker und Tanker-Pumper unterschiedlichster Größenordnungen. Dieser „Portable Hydrant", ein 11000-Gallonen-Tanker mit einer heckseitig eingebauten 2000-gpm-Pumpe, gehört zu den größten bei US-Fire-Departments vorgehaltenen Fahrzeugen dieser Art. Der dreiachsige Auflieger stammt aus dem Jahr 1997, die gebraucht erworbene Peterbilt-359-Zugmaschine wurde bereits im Jahr 1979 gebaut. Foto: Bill Hattersley

Der ehemals sehr renommierte Lastwagenhersteller Brockway stellte Ende der siebziger Jahre seine Produktion ein. Nur wenige Feuerwehren besitzen heute noch Fahrzeuge dieses Fabrikats. Das Valley Park FD/Missouri stellte im Jahr 1978 einen Pumper-Tanker von FMC auf einem Brockway-761-Chassis des Baujahrs 1974 in Dienst. Im Jahr 1998 erstellte Pierce einen völlig neuen Aufbau mit 1250-gpm-Pumpe und 2000-Gallonen-Tank. Mit neuer Lackierung versehen, ist das attraktive Fahrzeug sicher für einige weitere Jahre gut. Foto: Dennis J. Maag

Das Fire Department der Tohono O'Odham Indian Nation in Arizona verfügt seit dem Jahr 1998 über diesen äußerst interessanten Pierce-Quantum-Pumper-Tanker mit Allradlenkung. Tender 230 ist mit einer 1500-gpm-Pumpe versehen, es werden 3000 Gallonen Wasser befördert. Als Betreiber eines Kasinos verfügt der Indianerstamm über große finanzielle Mittel, aus diesem Grund kam bei der Anschaffung des Fahrzeugs nur modernste Technik zur Verwendung. Foto: Garry E. Kadzielawski

Der Eagle von American LaFrance macht natürlich auch als Pumper-Tanker eine gute Figur. Dieser Eagle 148 mit Aufbau der American LaFrance-Tochter Becker wurde im Jahr 2000 zusammen mit einer Drehleiter auf dem gleichen Chassis an das Eureka FD/Missouri ausgeliefert. Die Feuerwehr wählte eine große 2000-gpm-Pumpe, die Tankinhalte betragen 2000 Gallonen Wasser und 110 Gallonen Schaummittel. Foto: Dennis J. Maag

Dieser Pierce Dash 2000 mit Lackierung im „Chicago-Style“ wurde im Jahr 2000 vom Bourbonnais FD/Illinois in Dienst gestellt. Auch bei diesem Fahrzeug kam die von Oshkosh stammende Allradlenkung zur Anwendung. 2000 gpm leistet die Pumpe, der Tankinhalt beträgt 2500 Gallonen Wasser und 30 Gallonen Schaummittel. Bei der Beschriftung dieses prächtigen Pumper-Tankers wurde mit Blattgold nicht gespart. Foto: Garry E. Kadzielawski

Größtes Modell der bei den Feuerwehren populären „Business-Class“ von Freightliner ist der Typ FL 112. Mit einer viertürigen Mannschaftskabine, einer bei Pumper-Tankern nur selten zu findenden Option, ist Tanker 23-1 des Collings Lakes FD/New Jersey ausgestattet. Den Aufbau mit erhöhtem Pumpenstand führte im Jahr 2001 S&S Fire Apparatus aus. Die Fahrzeugpumpe leistet 1250 gpm, es werden 3000 Gallonen Wasser mitgeführt. Foto: Joel L. Gebet

Eher bei einer Werk- als bei einer freiwilligen Feuerwehr vermutet man dieses schwere Schaumlöschfahrzeug, das seit Frühjahr 2002 im Dienst des Coram Vol. FD, Long Island/New York steht. Basis ist ein Spartan Gladiator SMFD, der Aufbau wurde von Saulsbury gefertigt. Die Pumpe leistet 2000 gpm, es werden 1400 Gallonen Wasser und 700 Gallonen Schaummittel befördert. Der Williams-Monitor besitzt eine Leistung von 4000 gpm. Foto: Joel L. Gebet

Die Bekämpfung von Wald- und Buschbränden stellt die US-Feuerwehren in jedem Jahr vor große Herausforderungen. Für den abwehrenden Brandschutz stehen den Bundes- und Landesbehörden sowie den kommunalen Feuerwehren eine Vielzahl unterschiedlicher Fahrzeuge zur Verfügung. In recht großen Stückzahlen wurden ausgediente Militärtrucks für ihre neuen Aufgaben umgebaut. Dieser mit einer interessanten Flammenlackierung versehene 62er-REO-M-35 des Tinton Falls Fire Department/New Jersey ist ein typisches Beispiel. Der Aufbau mit einer 150-gpm-Pumpe und einem 375-Gallonen-Tank wurde in den Werkstätten der Feuerwehr gefertigt. Foto: Joel L. Gebet

Die Feuerwehren des Barnstable County auf der Halbinsel Cape Cod in Massachusetts sind praktisch in jeder Saison mit langwierigen Moor- und Heidebränden beschäftigt. Für die Brandbekämpfung wurden die „Brush-Breaker“ entwickelt, die mit ihrem massiven Rammschutz in der Lage sind, kleinere bis mittelgroße Bäume umzulegen. Der Breaker 9 der Feuerwehr der Otis Airforce Base ist ein AM General M-54 aus dem Jahr 1972, der von einem Spezialunternehmen seiner neuen Aufgabe entsprechend umgebaut wurde. Die kleine Pumpe liefert 250 gpm, der Tankinhalt beträgt 1500 Gallonen. Foto: Shaun P. Ryan

Neben den Brush-Trucks kommen zur Wald- und Flächenbrandbekämpfung auch Tanker zum Einsatz, vorzugsweise mit Allradantrieb. Ein besonders bulliges Exemplar befindet sich seit dem Jahr 1987 im Fahrzeugbestand des Moxee FD/Washington. Der GMC Topkick 6x6 mit einem Aufbau von 3-D besitzt eine 1000-gpm-Vorbaupumpe und führt 1800 Gallonen Wasser und 35 Gallonen Schaummittel mit sich. Von einem Arbeitsplatz auf der vorderen Stoßstange aus ist es möglich, während der Fahrt die Löschmittel auszubringen. Foto: Bill Hattersley

Ein weiteres Fahrzeug aus Militärbeständen dient dem Monmouth County Reclamation Center/New Jersey, einer kreiseigenen Behörde, die für die Wiederaufforstung und Landgewinnung zuständig ist. Der 68er-Diamond-T M-54 wurde im Jahr 1991 von Walker Stainless Equipment zum Brush-Tanker umgebaut. Die Fahrzeugpumpe leistet 1000 gpm, die Tankinhalte betragen 3000 Gallonen Wasser und 200 Gallonen Schaummittel. Foto: Joel L. Gebet

Ein äußerst seltenes Stück kam dem Fotografen im Jahr 1998 am Lake Tahoe/California vor die Linse. Water Tender 4 des Tahoe-Douglas FPD in Zephyr Cove/Nevada ist ein gewaltiger 93er FWD 4x4, die Löschtechnik und der Aufbau stammen von der in Woodland/California ansässigen Firma Westates Truck Equipment. Die Pumpenleistung beträgt 750 gpm, Tankinhalt 1800 Gallonen Wasser und 90 Gallonen Schaummittel. Foto: Garry E. Kadzielawski

Für die US-Army baute KME im Jahr 1995 diesen Prototyp eines schweren Brush-Trucks. Es blieb bei einem Exemplar, das heute beim Fire Department der US-Army in Fort Indiantown Gap/Pennsylvania seinen Dienst versieht. Das komplett von einem Schutzgitter umgebene Fahrzeug ist ein International 4900 6x6, Pumpenleistung 750 gpm, Tankinhalt 1200 Gallonen Wasser. Man beachte den auf der vorderen Stoßstange angebrachten Monitor. Foto: Jürgen Kiefer

Aus Delano in Pennsylvania stammt das „Mountain-Monster". Dabei handelt es sich um einen M-35 der Firma Kaiser aus dem Jahr 1976, der von Mitgliedern der Feuerwehr im Jahr 1997 zum Brush-Truck ausgebaut wurde. Neben einer 250-gpm-Einbaupumpe sind auf der Ladefläche drei weitere tragbare Pumpen sowie zwei Tanks mit 1200 Gallonen Inhalt untergebracht. Foto: Jürgen Kiefer

Rechts oben: Zum Anlegen von Feuerschneisen und zur Rodung von Waldflächen werden von einigen großen Feuerwehren im Westen der USA auch Planierraupen vorgehalten. Für den Transport dieser Geräte stehen Tieflader und Zugmaschinen zur Verfügung. Transport 1 des Los Angeles City FD/California ist dieser 96er-Peterbilt-377 mit Auflieger, der mit einer Caterpillar-D-7-Raupe aus dem Jahr 1974 beladen ist. Der Cummins-Diesel der Zugmaschine leistet 500 PS.
Foto: Charles Madderom

Rechts unten: Das Dozer-Team des Los Angeles County FD besitzt eine ganze Flotte schwerer Geräte zur Waldbrandbekämpfung, die zentral in Lancaster stationiert sind. Dozer-Team 6 ist ein Freightliner FLD 120 SD aus dem Jahr 1998 mit 500-PS-Caterpillar-Diesel. Auch die Raupe kommt von Caterpillar, es handelt sich um einen D8N von 1996.
Foto: Charles Madderom

Für Wald- und Buschbrände stehen dem Evergreen FD/Colorado eine ganze Reihe schwerer Brush-Tanker zur Verfügung. Neuestes Fahrzeug der Wehr ist dieser International Paystar 5000 4x4, der im Jahr 1997 von SuperVac aufgebaut wurde, einem Unternehmen, das ansonsten ausschließlich Rüst- und Gefahrgutfahrzeuge herstellt. Die 750-gpm-Vorbaupumpe verleiht dem Truck ein besonders markantes Aussehen. Der Tankinhalt beträgt 1500 Gallonen Wasser und 50 Gallonen Schaummittel. Foto: Rick Davis

Das Los Angeles County Fire Department beschaffte im Jahr 1998 drei schwere Brush-Tanker als Zubringerlöschfahrzeuge.
Die Aufbauten mit 500-gpm-Pumpe und 3000-Gallonen-Tank stammen von Master Body Co., als Fahrgestelle kamen International S 2674 mit Fabco-6x6-Antrieb zur Verwendung. Der hier abgebildete Water Tender 117 ist in Lancaster stationiert.
Foto: Charles Madderom

Werkfeuerwehren sind in den Vereinigten Staaten weit verbreitet. Die Fahrzeuge dieser Fire Departments sind den speziellen Bedürfnissen der Industrie angepasst. Marktführer dieser Fahrzeuge sind der Spezialist National Foam und Emergency One. Für den Flugzeug- und Gebäudebrandschutz beschaffte die Werkfeuerwehr McDonnell-Douglas in St. Louis/Missouri im Jahr 1978 diesen ungewöhnlichen Mack DM 686 6x6. Der Aufbau stammt von 3-D Fire Apparatus, die Pumpe leistet 1250 gpm, die Tankinhalte betragen 2000 Gallonen Wasser und 212 Gallonen Schaummittel. Foto: Dennis J. Maag

Die Refinery Terminal Fire Co. ist für den Brandschutz in drei Betrieben der petrochemischen Industrie im Hafengebiet der texanischen Stadt Corpus Christi zuständig. Zu ihrem großen Fahrzeugpark gehört dieser schwere Autocar Constructor aus dem Jahr 1977 mit einem Aufbau von Fire Tec. Im Jahr 1987 wurde das Fahrzeug von der Firma National Foam umgebaut und modernisiert. Typisch für die älteren Fahrzeuge von National Foam ist der offene Pumpenstand. Die Pumpe leistet 2000 gpm, der Tankinhalt beträgt 1350 Gallonen Schaummittel. Foto: Garry E. Kadzielawski

Sun Oil, einer der führenden Mineralölkonzerne der USA, besitzt in Philadelphia/Pennsylvania eine Raffinerie. Truck 4 der Werkfeuerwehr ist ein Foam-Pumper-Tanker auf einem GMC/White-Chassis des Typs WCM von 1991. Der Aufbau stammt auch hier von National Foam. Die Pumpe liefert 2000 gpm, der Aufbau enthält 3000 Gallonen Schaummittel. GMC/White-Trucks sind ein ausgesprochen seltener Anblick bei den US-Feuerwehren. Foto: Joel L. Gebet

Die Boeing-Flugzeugwerke unterhalten in ihren Fertigungsbetrieben sehr leistungsfähige Feuerwehren, die sowohl für den Gebäude- als auch für den Flugzeugbrandschutz zuständig sind. Crash 11 des Werkes auf dem Boeing Field in Seattle/Washington ist ein Freightliner des Typs FLC 112 aus dem Jahr 1991, der Auflieger kommt von Trailmaster, die Löschtechnik stammt von CRES. 2000-gpm-Pumpe, 5000 Gallonen Wasser und 515 Gallonen Schaummittel sind die beeindruckenden technischen Daten des Trucks. Die zweite Achse der Zugmaschine wurde nachträglich eingebaut. Foto: Dan Goyer

Hose Tender 1 ist die Bezeichnung für dieses Kombinationsfahrzeug, das sich im umfangreichen Fahrzeugpark des Fire Departments der Shell Oil Co., Wood River Manufacturing Center/Illinois, findet. Der Freightliner FLT von 1991, im ersten Leben eine Sattelzugmaschine, wurde im Jahr 1997 von Schien zum Schlauchwagen umgebaut. Zusätzlich sind zwei 2000-gpm-Monitore installiert. Foto: Dennis J. Maag

Ein weiteres Fahrzeug der Shell Oil in Wood River ist diese „Black Beauty“: Engine 30 ist ein HME 1871 MFD von 1993, der Aufbau wurde wiederum von National Foam gefertigt. Wie bei vielen modernen Schaumlöschfahrzeugen befindet sich der Pumpenstand am Heck. Die Pumpe leistet beachtliche 3000 gpm, der Tankinhalt beträgt 1850 Gallonen Schaummittel. Foto: Dennis J. Maag

Neben National Foam hat sich vor allem Emergency One auf Schaumlöschfahrzeuge für die Industrie spezialisiert. Die Firma hat hierfür mit Williams, ein Spezialhersteller für Schaumzumisch-Systeme, einen kompetenten Partner gefunden. Die Hafenfeuerwehr Port Everglades in Florida, seit kurzem in das Broward County FD integriert, ist für den Brandschutz großer Industrieanlagen im Hafengebiet von Fort Lauderdale zuständig. Im Jahr 1995 stellte sie diesen schweren E-One-Foam-Pumper auf Cyclone-II-Chassis in Dienst, der mit einer 3500-gpm-Pumpe, 500 Gallonen Wasser, 2000 Gallonen Schaummittel und 1000 Pounds Pulverlöschmittel ausgestattet ist. Foto: Joel L. Gebet

Mit dem Liquidator von Emergency One erschien im Jahr 1994 ein Industrielöschfahrzeug der Superlative auf dem US-Markt. Das Herzstück der Engine ist eine 6000 gpm!!! (22710 l/min) leistende Pumpe des Fabrikats Allis-Chalmers. Der Pumpenstand befindet sich im Inneren der Command-Cab. Die Ausstoßrate des auf dem Aufbau montierten Williams-Werfers beträgt ebenfalls 6000 gpm. Einen der ersten Liquidatoren erhielt im Jahr 1996 die Werkfeuerwehr der Ashland Petroleum Refinery in Catlettsburg/Kentucky. An Löschmitteln befinden sich 750 Gallonen Schaum an Bord. Foto: Jim Regan

Erst in den letzten Jahren wurde auch Pierce auf diesem Gebiet aktiv. Schaumlöschfahrzeuge dieses Unternehmens sind mit dem Husky-Zumischsystem, einer Eigenentwicklung, ausgestattet. Aerial 1 von Merck Chemicals in Albany/Georgia ist dieser Pierce Quantum SFD aus dem Jahr 1997. Die Pumpe leistet 1500 gpm, Tankinhalt 200 Gallonen Wasser und 500 Gallonen Schaummittel. Zusätzlich wurde ein 50-ft-Telesqurt installiert. Foto: Dennis J. Maag

Dieser gewaltige Truck wird seit 1998 von der Refinery Terminal Fire Co. eingesetzt, die den Brandschutz für Motiva Enterprises, Convent/Louisiana, sicherstellt. Basis des Fahrzeugs ist ein American LaFrance 134 RR, der Aufbau kommt von National Foam. Die Pumpenleistung des weißen Riesen beträgt 3000 gpm, der Tankinhalt 850 Gallonen Schaummittel. Zum Foam-Tower wird das Fahrzeug durch einen 85-ft-Gelenkmast von Schwing. Foto: Joel L. Gebet

Wie bereits Shell wählte auch die GATX Corporation für ihren Foam-Pumper eine schwarze Lackierung. GATX ist das führende Tanklager- und -transportunternehmen der USA und besitzt in Galena Park/Texas ein großes Tanklager. Für die dortige Werkfeuerwehr wurde im Jahr 1999 dieser schwere Freightliner FLD 120 SD mit einem Aufbau von National Foam beschafft. Auch bei diesem Fahrzeug beträgt die Pumpenleistung 3000 gpm, Tankinhalt 1000 Gallonen Schaummittel. Foto: Joel L. Gebet

Ein sehr bulliger International S 2674 bildet die Basis dieses Foam-Pumpers, der im Jahr 2000 von der Firma National Foam für die Werkfeuerwehr Sunoco Chemicals, Philadelphia, gebaut wurde. Die Fahrzeugpumpe hat eine Leistung von 2250 gpm, es werden 800 Gallonen Schaummittel bereitgehalten. Ein 50-ft-Snozzle-Löscharm von CRES (Crash Rescue Equipment Service, Dallas/Texas) vervollständigt die Ausstattung. Foto: Joel L. Gebet

Wahre Giganten unter den Feuerwehrfahrzeugen sind die Crash-Rescue-Trucks auf den Flughäfen, gilt es doch, große Mengen an Löschmitteln in kürzester Zeit zur Einsatzstelle zu bringen. Zwei Unternehmen, E-One und Oshkosh beherrschen heute den US-Markt. Bereits im Jahr 1962 konstruierte FWD im Auftrag der US-Airforce den ersten vierachsigen Crash-Truck vom Typ P-2. Anfang der 80er Jahre wurden die Fahrzeuge von Quality komplett modernisiert und auf den neuesten Stand der Technik gebracht. Technische Daten: 1400 gpm, 2300 Gallonen Wasser, 200 Gallonen Schaummittel. Heute sind die P-2 von den Militärflugplätzen nahezu verschwunden. Foto: Bill Hattersley

Ursprünglich für die US-Airforce als Typ P-4 entwickelt, brachte Oshkosh mit der Bezeichnung M-1500 auch eine Ziviversion dieses Crash-Trucks auf den Markt. Dieser M-1500 des Des Moines International Airport/Iowa von 1975 wurde 1994 von CRES modernisiert und erhielt einen 50-ft-Snozzle-Löscharm. Die Pumpenleistung von Arson 3 beträgt 1250 gpm, die Tanks enthalten 1500 Gallonen Wasser und 180 Gallonen Schaummittel. Foto: Shaun P. Ryan

Die in Kalifornien beheimatete Fire-X Corporation war auf den Bau von Crash-Trucks spezialisiert. Optisch seiner Zeit voraus war dieses Custom-Modell, das auf Basis eines kanadischen Consodyne-Chassis in nur 4 Exemplaren gebaut wurde. Ursprünglich im Dienst beim FD des Spokane International Airport/Washington, ist dieser 77er-Fire-X-6x6 heute beim Snohomish County Airport/Washington beheimatet. Technische Daten: Pumpenleistung 1500 gpm, Tankinhalt 3000 Gallonen Wasser und 500 Gallonen Schaummittel, Cummins-Diesel-Motor mit 600 PS. Foto: Bill Hattersley

Bis in die 80er Jahre hinein war die Walter Truck Corporation der Marktführer für ARFF-Trucks in den Vereinigten Staaten. Diese Rolle hat das seit 1997 zu KME gehörende Unternehmen inzwischen an die Firmen E-One und Oshkosh verloren. Ein großer Erfolg für Walter war der schwere Typ CB-3000, der in der ganzen Welt in beträchtlichen Stückzahlen verkauft wurde. Truck 20 der Werkfeuerwehr von Grumman Aircraft Systems in Calverton/Long Island, New York, ist dieser 79er-CB-3000. Das Fahrzeug, im Eigentum der US-Navy, ist mit zwei 1000-gpm-Pumpen bestückt, die Tankinhalte betragen 3000 Gallonen Wasser und 500 Gallonen Schaummittel. In Europa standen Fahrzeuge dieses Typs u. a. auf den Flughäfen in Wien und Zürich im Dienst. Foto: Mark A. Redman

Der Oshkosh M-15, eine kleinere Zivilversion des für die US-Airforce entwickelten P-15, gehörte zu Beginn der 1980er Jahre zu den größten auf US-Flughäfen anzutreffenden Crash-Trucks. Red 5 des Southern California International Airport FD in Victorville wurde im Jahr 1980 in Dienst gestellt. Das Fahrzeug ist mit zwei Detroit-Diesel-Motoren mit einer Leistung von jeweils 485 PS ausgestattet. An Löschmitteln befinden sich 4000 Gallonen Wasser und 515 Gallonen Schaummittel an Bord. Die beiden Pumpen leisten je 1000 gpm. Foto: Charles Madderom

Anfang der 80er Jahre fertigte Fire-X eine Serie mittelschwerer Crash-Trucks auf Custom-Fahrgestellen von Duplex und Spartan. Dieser Duplex D-350 4x4 wurde als Crash 3 im Jahr 1982 beim Billings-Logan International Airport/Montana in Dienst gestellt. Die Pumpenleistung beträgt 1250 gpm, Löschmittel: 1500 Gallonen Wasser, 180 Gallonen Schaummittel, 500 Pounds Pulver. Weitere Fahrzeuge dieses Typs gingen u. a. an die Airports von Lawton/Oklahoma und Portland/Oregon. Foto: Bill Hattersley

Der Oshkosh T-1500 ist der mit Abstand meist gebaute ARFF-Truck der USA und auf sehr vielen Flughäfen des Landes zu finden. Crash 1 des Grand Canyon Airport/Arizona ist dieser T-1500 von 1985. Er stellt zusammen mit zwei kleineren Fahrzeugen den Brandschutz auf dem sehr betriebsamen Flughafen im gleichnamigen Nationalpark sicher. Die Pumpe liefert 1500 gpm, es werden 1500 Gallonen Wasser, 205 Gallonen Schaummittel und 450 Pounds Pulverlöschmittel bereitgestellt. Foto: Jürgen Kiefer

Die Crash-Trucks der Titan-Serie von E-One bereiten seit Anfang der 1980er Jahre den Fahrzeugen von Oshkosh erhebliche Konkurrenz.

Hier ein Titan V, der sich seit 1986 im Fahrzeugpark der Feuerwehr des San Diego International Airport in Kalifornien befindet.

Auch bei diesem Truck fand eine 1500-gpm-Pumpe Verwendung, die Tankinhalte betragen 3000 Gallonen Wasser und 400 Gallonen Schaummittel. Foto: Jürgen Kiefer

Nachfolger des Walter CB-3000 war der im Jahr 1985 präsentierte B-3000, der im Gegensatz zu seinem Vorgänger jedoch lediglich in sechs Exemplaren verkauft werden konnte, darunter zwei nach Philadelphia. Der Albany County Airport im Staat New York erhielt im Jahr 1987 den hier abgebildeten B-3000. Engine 3 hat eine Pumpe mit 1500 gpm Leistung. Löschmittel: 3000 Gallonen Wasser und 500 Gallonen Schaum. Walter verwendet bis heute für seine großen Crash-Trucks nur zweiachsige Fahrgestelle. Foto: Mark A. Redman

In Zusammenarbeit mit Rosenbauer konzipierte Oshkosh eine Serie von besonders geländegängigen ARFF-Trucks auf den ursprünglich für das Militär entwickelten Fahrgestellen des Typs DA-1500 mit Knicklenkung.

Insgesamt 11 dieser eindrucksvollen, von Rosenbauer als Viper bezeichneten Fahrzeuge wurden an US-Flughäfen ausgeliefert. Auch die Feuerwehr des Denver International Airport/Colorado besitzt ein Exemplar.

Red 4 ist ein 87er-DA-1500 mit einer 1250-gpm-Pumpe, an Löschmitteln führt das Fahrzeug 1500 Gallonen Wasser, 230 Gallonen Schaummittel und 500 Pound Halon mit sich. Foto: Rick W. Davis

Lange Zeit galt der Oshkosh P-15 als das größte Löschfahrzeug der Welt. Dieser im Auftrag der US-Airforce entwickelte Crash-Truck wurde von 1977 bis 1990 in großen Stückzahlen an US-Luftwaffenbasen weltweit ausgeliefert. Im Gegensatz zu seinem zivilen Gegenstück M-15 werden die beiden Dachmonitore manuell bedient. Crash 5 der McChord Airforce Base/Washington ist ein P-15 des Baujahrs 1988. Die beiden Fahrzeugpumpen leisten je 1250 gpm, die gewaltigen Tanks beinhalten 6100 Gallonen Wasser und 515 Gallonen Schaummittel. Das Fahrzeug ist mit zwei Detroit-Diesel-Motoren von jeweils 492 PS ausgestattet. Foto: Bill Hattersley

Die kanadische Amertek Inc. wurde vor allem durch verschiedene Großaufträge der US-Army und Navy zum Bau von Fahrzeugen für den Gebäude- und Flugzeugbrandschutz bekannt. Letzte Neuentwicklung vor der Produktionseinstellung im Jahr 1991 war dieser mittelschwere Crash-Truck, der in lediglich zwei Exemplaren hergestellt wurde. Beide Fahrzeuge befinden sich im Bestand der Feuerwehr des Monterey Peninsula Airport/California. Die Fahrzeuge wurden 1990 in Dienst gestellt. Die Pumpenleistung beträgt 1250 gpm, Tankinhalt 1500 Gallonen Wasser, 200 Gallonen Schaummittel und 500 Pounds Halotron. Foto: Jürgen Kiefer

Direkter Konkurrent des Oshkosh T-1500 ist der E-One Titan III, der sich weltweit bei zahllosen Flughafenfeuerwehren im Einsatzdienst befindet. Als einziges Großfahrzeug des Barnstable County Municipal Airport in Massachusetts befindet sich dieser Titan III seit dem Jahr 1992 in Dienst. Die Pumpe leistet 1250 gpm, neben 1500 Gallonen Wasser befinden sich außerdem 200 Gallonen Schaummittel an Bord. Foto: Jürgen Kiefer

Nachfolger des Typs B-3000 von Walter ist der BDT-3000, der deutlich moderner als sein Vorgänger gestylt ist. Den Prototyp erhielt im Jahr 1994 das Memphis FD/Tennessee, das den Brandschutz auf dem Memphis International Airport sicherstellt. 1800-gpm-Pumpe, 3000-Gallonen-Wassertank und 400-Gallonen-Schaummitteltank sind die Leistungsdaten des kompakten Fahrzeugs. Foto: Mark A. Redman

Der seit dem Jahr 1991 an die Feuerwehren der US-Airforce ausgelieferte P-23 ist der deutlich kleinere Nachfolger des P-15. Das Fahrgestell des mit Einzelradaufhängung ausgestatteten Crash-Trucks stammt von Continental Teledyne, der Aufbau und die Löschtechnik von E One. Crash 7 der Hickam Airforce Base/Hawaii ist einer von drei im Jahr 1995 bei der Feuerwehr in Dienst gestellten P-23. Die Fahrzeugpumpe leistet 2000 gpm, der Tankinhalt beträgt 3300 Gallonen Wasser, 500 Gallonen Schaummittel und 500 Pounds Purple-K-Pulverlöschmittel. Foto: Shaun P. Ryan

Der große Bruder des Oshkosh T-1500 ist der Typ T-3000, auch dieses Fahrzeug trifft man bei den meisten größeren Flughafenfeuerwehren der USA an. Den T-3000 gibt es in verschiedenen Ausführungen und auch mit Einzelradaufhängung. Das Produktionsende dieses Erfolgsmodells dürfte bald kommen, die ersten Einheiten des modernen Nachfolgers mit der Bezeichnung Stryker werden derzeit ausgeliefert. Foam 6 des Philadelphia International Airport ist ein T-3000 von 1997 mit 2000-gpm-Pumpe, 3000-Gallonen-Wassertank und 410-Gallonen-Schaumtank. Foto: Jürgen Kiefer

Große Verkaufserfolge erzielt E-One mit seinem Modell Titan HPR, das in Ausführungen mit 4x4-, 6x6- und 8x8-Antrieben angeboten wird. Die Feuerwehr des McCarran International Airport in Las Vegas/Nevada hat den Rufnamen Red Dog für die Einsatzfahrzeuge. Red Dog 42 ist ein 97er-E-One-Titan HPR 6x6 mit 55-ft-Snozzle-Löscharm von CRES. Wie beim T-3000 aus Philadelphia ist auch dieser Crash-Truck mit 2000-gpm-Pumpe, 3000 Gallonen Wasser und 410 Gallonen Schaum ausgestattet. Foto: Jürgen Kiefer

Die Feuerwehr des Ontario International Airport/California (Großraum Los Angeles) stellte im Jahr 1998 einen E-One Titan HPR in der großen 8x8-Ausführung in Dienst. Der interessant lackierte Truck ist mit einer 2000-gpm-Pumpe ausgerüstet. An Löschmitteln werden neben 3000 Gallonen Wasser auch 390 Gallonen Schaummittel und 550 Pounds Purple-K-Löschpulver bereitgehalten. Die Ausstattung wird ergänzt durch einen 50-ft-Snozzle von CRES. Foto: Charles Madderom

Die bisher leistungsstärksten E-One-Crash-Trucks wurden seit 1998 auf dem Los Angeles International Airport/California in Dienst gestellt. Foam 2-80 ist ein E-One Titan HPR 8x8 von 1998. 4000 Gallonen Wasser, 510 Gallonen Schaummittel und 700 Pounds Purple-K-Pulver werden auf dem Fahrzeug bereitgehalten, das ebenfalls über einen 50-ft-CRES-Löscharm verfügt. Die Pumpe erbringt eine Leistung von 2000 gpm, der Detroit-Diesel-Motor leistet 1000 PS. Bis heute erhielt der Flughafen drei weitere Fahrzeuge des Typs. Foto: Charles Madderom

Einem „Star-Wars"-Film entsprungen zu sein scheint Yellow 3 des Atlanta International Airport/Georgia. Es ist einer von drei im Jahr 1999 ausgelieferten ARFF-Trucks des Typs Colet Jaguar K/R40. Der fünfachsige Gigant ist mit zwei Detroit-Diesel-Motoren von je 800 PS Motorleistung ausgestattet und dürfte damit das derzeit leistungsstärkste Feuerwehrfahrzeug der Welt sein. Die Fahrzeugpumpe leistet bis zu 2000 gpm, an Löschmitteln stehen 4000 Gallonen Wasser, 250 Gallonen Schaummittel und 500 Pounds Pulver zur Verfügung. Die ultramoderne Technik hat aber auch ihren Preis, ca. 3,5 Millionen Dollar beträgt der Stückpreis des Jaguar. Foto: Dan Decher

In enger Zusammenarbeit mit Freightliner gelang Rosenbauer der Einstieg in den wichtigen US-Markt. Für das Erfolgsmodell Panther entwickelte der US-Lkw-Hersteller ein 4x4- bzw. 6x6-Chassis mit Einzelradaufhängung. Den Prototyp des als Panther FL bezeichneten Fahrzeugs erhielt im Jahr 2001 der Tucson International Airport/Arizona. Kurze Zeit später stellte auch der Portland International Airport/Oregon einen Panther FL 6x6 in Dienst. Das Fahrzeug wird angetrieben von einem 665 PS starken Detroit-Diesel, die Rosenbauer-Pumpe hat eine Leistung von 2000 gpm, Tankinhalte 3000 Gallonen Wasser, 400 Gallonen Schaummittel und 500 Pounds Halotron. Foto: Shane MacKichan

Ladders und Snorkels aus den USA weisen ein deutlich höheres Gesamtgewicht auf als die Fahrzeuge hierzulande. Ein Grund hierfür ist die bei vielen Trucks vorhandene Ausführung als Quint. Neben einer Drehleiter besitzen diese Trucks auch Pumpen, Schlauchvorrat, Wassertank und tragbare Leitern. Auf einer Tour durch Pennsylvania fand der Fotograf im Mai 1999 beim Manheim FD diesen von Sutphen erstellten Quint aus dem Jahr 1971. Als Chassis fand ein schweres GMC-Fahrgestell des Typs 9500 Verwendung, die Pumpenleistung beträgt 1250 gpm, der Tankinhalt 300 Gallonen. Der Sutphen-Tower hat eine Steighöhe von 85 ft. Das Fahrzeug wurde zwischenzeitlich ersetzt. Foto: Jürgen Kiefer

Ein besonders seltenes und dazu noch sehr gepflegtes Exemplar eines Snorkels ist im Besitz des Chews Landing FD/New Jersey. Das Fahrzeug wurde im Jahr 1973 von der heute nicht mehr existenten Young Fire Equipment Corp. auf einem Young Bison-Chassis aufgebaut. Die Pumpe des Quints leistet 1500 gpm, der Tank enthält 300 Gallonen Wasser. Der zweiteilige Snorkel-Gelenkmast hat eine Korbbodenhöhe von 85 ft. Foto: Joel L. Gebet

Der Crown Firecoach ist das klassische Hubrettungsfahrzeug aus Kalifornien. Obwohl er seit 1985 nicht mehr in Produktion ist, findet man noch eine größere Anzahl von Fahrzeugen dieses Typs im amerikanischen Westen, ein Beweis für die hohe Qualität der Firetrucks des Unternehmens. Truck 3470 des Central FPD/California, stationiert in Live Oak, ist ein 74er-Crown-Firecoach mit Pierce-Aufbau und 75-ft-Telesqurt-Löscharm. Vervollständigt wird die Ausstattung durch eine 1500-gpm-Pumpe mit 200-Gallonen-Tank. Die hellrote Farbgebung wird als „Chevy-Red" bezeichnet. Foto: Jürgen Kiefer

Ein weiterer 75-ft-Telesqurt des heute zur American La-France-Gruppe gehörenden Gelenkmastherstellers Snorkel befindet sich als Engine-Ladder 2 im Dienst des North Conway FD/New Hampshire. Auch dieses Fahrzeug wurde von Pierce aufgebaut, als Chassis fand ein Hendrickson 1871-C Verwendung. Das Fahrzeug wurde im Jahr 1977 gebaut, an Bord befinden sich eine 1500-gpm-Pumpe und ein 400-Gallonen-Wassertank.Die abgerundete Kabinenform findet man bei Hendrickson-Fahrzeugen selten. Foto: Jürgen Kiefer

Auch American LaFrance verwendete oft Gelenkmasten von Snorkel. Für das Santa Clara FD/California erstellte die Firma im Jahr 1979 dieses 85-ft-Modell auf einem Century-Chassis. Auch für dieses Fahrzeug, das heute nur noch als Reserve-Truck dient, fand eine 1500-gpm-Pumpe Verwendung, der Tankinhalt beträgt 300 Gallonen. Die Hausfarbe des Santa Clara FD wechselte in den letzten Jahren, wie bei so vielen US-Feuerwehren, zu einem klassischen weiß-über-rot. Foto: Jürgen Kiefer

Mitte der 1970er Jahre entwickelte der Spezialfahrzeughersteller Oshkosh mit dem Typ L ein ultraniedriges Fahrgestell für Drehleitern. Die Fahrzeuge wurden besonders von Feuerwehren mit alten Wachen und entsprechend niedrigen Ausfahrtstoren gut angenommen. Für die Rescue, Hook, Ladder & Bucket Co. des Lynbrook FD/Long Island, New York baute Pierce im Jahre 1981 eine 85-ft-Leiterbühne von LTI auf diesem Chassis. Das Fahrzeug wird heute nur noch als Reserveleiter eingesetzt. Foto: Jürgen Kiefer

Das wirklich klassische amerikanische Hubrettungsfahrzeug schlechthin ist die „tillered aerial" mit lenkbarem Auflieger. Die Bauweise blieb auf Nordamerika beschränkt und ist auch heute noch sehr beliebt bei den Feuerwehren. Fast alle Drehleiterhersteller hatten oder haben diese Fahrzeuge in ihrem Programm, natürlich auch Maxim. Für das Swampscott FD/Massachusetts erstellte die Firma im Jahr 1982 diese 100-ft-Leiter, die von einer Maxim-S-Zugmaschine mit extrem kurzem Radstand gezogen wird. Foto: Jürgen Kiefer

Dieser attraktive Water-Chief von American LaFrance auf Century-Chassis wurde im Jahr 1983 für einen brasilianischen Auftraggeber gebaut. Nachdem aber die Finanzierung des Fahrzeugs scheiterte, übernahm das FD des Städtchens Ellsworth im Staat Maine schließlich den Quint, der mit einer 1500-gpm-Pumpe, einem 300-Gallonen-Tank und einer 100-ft-Drehleiter ausgestattet ist. Foto: Jürgen Kiefer

Drehleitern mit Steighöhen über 100 ft werden von US-Feuerwehren nur relativ selten verlangt. E-One hat seit dem Jahr 1983 eine Leiter mit 135 ft Steighöhe im Programm. Ein solches Fahrzeug wurde vom FD der US-Bundeshauptstadt Washington im Jahr 1984 in Dienst gestellt. Als Fahrgestell fand ein Spartan CFC 3000 Verwendung. Äußerst ungewöhnlich ist die Anordnung einer zusätzlichen, halboffenen Mannschaftskabine im Aufbau. Das Fahrzeug befindet sich heute nicht mehr im Dienst. Foto: Jürgen Kiefer

Die modernen Leiterbühnen von Sutphen werden fast ausschließlich auf Custom-Chassis aus eigener Produktion aufgebaut. Das Hicksville FD/Long Island, New York, besitzt drei dieser schweren Geräte.

Tower 936 wurde von der Feuerwehr im Jahr 1988 übernommen. Das Fahrzeug ist nicht als Quint ausgeführt, da es über keinen Wassertank verfügt. Die Pumpe leistet 1500 gpm, die Steighöhe beträgt 100 ft. Foto: Jürgen Kiefer

Die Firma Seagrave besitzt eine lange Tradition im Bau von „tillered aerials“. In nur wenigen Exemplaren wurde eine Drehleiter mit 110 ft Steighöhe und besonders massiver Bauweise gefertigt. Auffällig bei diesem Typ ist die vierfache Abstützung zwischen Zugmaschine und Auflieger. In diesem Fall wurde kein Seagrave-Traktor, sondern ein Pemfab T-942 mit großer Command-Cab verwendet. Das Fahrzeug wurde im Jahr 1989 gebaut, aber erst 1991 vom Bakersfield FD/California übernommen. Foto: Charles Madderom

Aus welchem Grund auch immer, das Bradley Vol. FD/West Virginia hat sich für schwarze Fahrzeuglackierungen entschieden. Diese Farbe verleiht den Trucks fraglos eine gewisse Eleganz, eine Signalwirkung im Straßenverkehr dürfte ihnen indes kaum beschieden sein. Snorkel 1 ist dieser ungewöhnliche Ford LN 9000 mit Grumman-Aufbau aus dem Jahr 1989. Die Pumpe leistet 1250 gpm, es werden 1000 Gallonen Wasser befördert. Zusätzlich ist auf dem Aufbau ein 55-ft-Gelenkmast von Snorkel montiert. Offensichtlich wurde ein Teil der Fahrzeugkosten durch Bingo-Abende finanziert. Foto: John Schmidt

Der Mack CF mit einem Aerialscope-Teleskopmast ist immer für ein attraktives Fahrzeug gut, diese Kombinationen gelten heute bereits als Klassiker. Für das Progress Fire Department in Pennsylvania erstellte Saulsbury im Jahr 1990 diesen 95-ft-Aerialscope des Herstellers Baker auf einem Mack CF 688. Wie bei allen Fahrzeugen dieser Feuerwehr wurde auch hier die Beschriftung mit Liebe zum Detail ausgeführt.
Foto: Jürgen Kiefer

Schwere Leiterbühnen hat American LaFrance erst seit der Übernahme von LTI im Jahr 1999 im eigenen Programm. Diese für das Corning FD/New York im Jahr 1992 gebaute Tower-Ladder ist auf einem Century 2000 ausgeführt, der Aufbau mit 2000-gpm-Pumpe und kleinem 200-Gallonen-Tank stammt von American LaFrance, die 100-ft-Leiterbühne von LTI. Foto: Garry E. Kadzielawski

Aus Gewichtsgründen entschied sich das Niles FD/Illinois im Jahr 1993 bei der Beschaffung ihrer Drehleiter in Sattelschlepperbauart für eine dreiachsige Zugmaschine, die das Fahrzeug besonders massig erscheinen lässt. Die komplette Kombination stammt von Pierce, bestehend aus einer Lance-Zugmaschine und einem Auflieger mit 105-ft-Drehleiter. Foto: Garry E. Kadzielawski

Durch die Übernahme der Drehleitertechnologie von Grumman wurde KME zum Komplettanbieter von Feuerwehrfahrzeugen. Diese massive Aerialcat-Leiterbühne mit 102 ft Steighöhe wurde im Jahr 1995 auf ein KME-Renegade-Chassis aufgebaut. Die Pumpenleistung beträgt 2000 gpm, der Tankinhalt des Quints 350 Gallonen Wasser. Besitzer ist die Berufsfeuerwehr in Fairbanks/Alaska, der nördlichsten Stadt der USA. Foto: Garry E. Kadzielawski

Bei der Neuanschaffung einer „tillered aerial“ entschied sich die Berufsfeuerwehr von Santa Clara, einer „High-Tech-Stadt“ im berühmten „Silicon Valley“ Kaliforniens, im Jahr 1998 für eine 105-ft-Leiter von Aerial Innovations. Das Fahrzeug wurde von 3-D Fire Apparatus aufgebaut, als Zugmaschine kam ein American LaFrance Eagle 134 zur Verwendung. Eine kleine 250-gpm-Pumpe mit 200-Gallonen-Tank vervollständigt die Ausstattung. Foto: Jürgen Kiefer

Die Berufsfeuerwehr von Glendale in Kalifornien beschaffte im Jahr 1998 eine neue „tillered aerial" von Pierce für ihren Fahrzeugpark. Die Leiter wird von einer Quantum-Zugmaschine gezogen, die 100-ft-Drehleiter ist, um dem „Tillerman" eine bessere Sicht zu ermöglichen, leicht negativ abgelegt. Drehleitern in Sattelschlepperbauart erfreuen sich in den Vereinigten Staaten nach wie vor einer großen Beliebtheit, zunehmend auch bei freiwilligen Feuerwehren. Foto: Joel L. Gebet

Bisher nur im Großraum Los Angeles findet man Drehleitern in Sattelschlepperbauart als Quint-Ausführung. Auch die Feuerwehr Monterey Park entschied sich bei der Anschaffung einer neuen Drehleiter im Jahr 1999 für dieses Konzept. Das Fahrzeug stammt komplett von KME, die Zugmaschine des Typs Excel ist mit einer 1500-gpm-Pumpe sowie einem Tank mit 300 Gallonen Wasser und 20 Gallonen Schaummittel bestückt, der Auflieger mit einer Leiter von 100 ft Steighöhe. Foto: Charles Madderom

Seit einigen Jahren baut LTI eine kompakte „Tower-Ladder“ mit rückwärts abgelegter Leiter, sie macht dem schon seit Jahrzehnten gebauten Aerialscope-Teleskopmast zunehmend Konkurrenz. Das Manhasset-Lakeville FD/Long Island, New York, stellte im Jahr 1999 eine 93-ft-Ausführung des Modells in Dienst. Beim Fahrgestell entschied sich die Feuerwehr für einen Spartan Gladiator LFD. Foto: Jürgen Kiefer

Ein weiterer LTI-Tower mit 93 ft Steighöhe in „mid-mount“-Bauart befindet sich seit dem Jahr 1999 beim Pattonville FD/Missouri im Dienst. Tower Ladder 4822 wird von der Feuerwehr interessanterweise als Engine Company eingesetzt, daher ist der Truck natürlich mit Pumpe (2000 gpm) und Wassertank (300 Gallonen) ausgestattet.
Als Chassis kam ein American LaFrance Eagle 134 zur Verwendung. Foto: Dennis J. Maag

Das Highland FD/Indiana verfügt mit schwarz-über-gelb über eine höchst attraktive Farbgebung für seine Fahrzeuge. Die Feuerwehr beschaffte im Jahr 1975 einen 85-ft-Tower von LTI auf einem Chassis von Seagrave. Das Fahrgestell wurde im Jahr 1999 durch einen neuen American LaFrance Eagle 134 ersetzt, der Aufbau von LTI mit 2000-gpm-Pumpe und 300-Gallonen-Tank neu erstellt. Gegenüber einer Neuanschaffung stellt dieser Komplettumbau eine preisgünstige Alternative dar. Foto: Garry E. Kadzielawski

Die Empire Hook & Ladder Co. in Upper Nyack/New York stellte im Jahr 2000 dieses besonders eindrucksvolle Exemplar einer „tillered aerial“ mit 100 ft Steighöhe in Dienst. Das komplette Fahrzeug stammt von der Firma Seagrave, die Zugmaschine des Typs TT ist mit einer Kabine für acht Personen ausgestattet, zusätzlich befindet sich hier eine kleine 250-gpm-Pumpe sowie ein 200-Gallonen-Tank. Nicht gespart wurde beim Anbringen der Chrom- und Golddekorationen. Foto: Joel L. Gebet

Die seit dem Jahr 1963 bestehende und in Snyder/Nebraska beheimatete Smeal Fire Apparatus Co. hat sich seit Anfang der 90er Jahre zu einem der führenden Drehleiterhersteller der USA entwickelt. Für das St. Louis FD/Missouri führte das Unternehmen von 1998 bis 2000 einen Großauftrag zur Lieferung von 33 kompakten Quints und Ladders aus. Hook & Ladder 4 ist ein Spartan Gladiator LFD mit Smeal-Aufbau, 2000-gpm-Pumpe, 300-Gallonen-Tank und großer 125-ft-Drehleiter mit fünfteiligem Leitersatz. Das Fahrzeug wurde im Jahr 2000 ausgeliefert. Foto: Dennis J. Maag

Die in Holden/Louisiana ansässige Ferrara Fire Apparatus Inc. hat in den letzten Jahren durch spektakuläre Verkaufserfolge auf sich aufmerksam gemacht und gehört bereits heute zu den führenden Unternehmen der Branche. Neueste Entwicklung ist ein Custom-Chassis aus eigener Produktion mit der Bezeichnung Inferno. Für das Gary FD/Indiana führte Ferrara im Jahr 2000 einen Auftrag zur Lieferung von 6 Pumpern und einem Tower aus. Tower 2 ist dieser Ferrara Inferno mit 2000 gpm Pumpenleistung, 500-Gallonen-Wassertank und 60-Gallonen-Schaummitteltank. Als Drehleiter kam ein 105-ft-Tower von Smeal zur Verwendung. Foto: Garry E. Kadzielawski

Das Livermore-Pleasanton FD/California stellte im Jahr 2000 zwei neue Quints von E-One in Dienst, eine 100-ft-Leiter und diesen 95-ft-Tower. Truck 1276 wurde auf einem E-One-Cyclone II-Chassis aufgebaut. Die Ausstattung enthält eine 2000-gpm-Pumpe, 480 Gallonen Wasser und je 20 Gallonen Schaummittel der Klassen A und B. Bei US-Feuerwehren findet man zwar alle möglichen Fahrzeuglackierungen, es überwiegt jedoch auch hier das klassische rot bzw. rot-überweiß. Foto: Shaun P. Ryan

Sehr viele Nachahmer hat in den letzten Jahren die früher einzig vom Chicago FD verwendete Lackierung schwarz-über-rot gefunden. Den Fahrzeugen verleiht diese Farbkombination ein sehr elegantes Aussehen. Auch das Mehlville FD/Missouri entschied sich vor einigen Jahren für dieses Schema. Platform 1752 wurde von Pierce im Jahr 2000 an die Feuerwehr ausgeliefert. Basis ist ein Pierce Dash 2000 mit 100-ft-Tower. Die Pumpe leistet 2000 gpm, Tankinhalt 300 Gallonen. Foto: Dennis J. Maag.

93 Einsatzfahrzeuge des New York Fire Department (FDNY) wurden beim Terroranschlag auf das World Trade Center am 11. 09. 2001 zerstört. Darunter auch Ladder Company 10, zusammen mit Engine 10 in unmittelbarer Nachbarschaft des WTC stationiert. In Rekordzeit gelang es Seagrave, einen Notauftrag des FDNY auszuführen. Die ersten Einheiten wurden im März 2002 in Dienst gestellt, darunter diese 100-ft-Drehleiter, die Ladder Company 10 zugeordnet wurde. Auffälliges Merkmal und sichtbares Zeichen des Patriotismus ist die von Seagrave-Mitarbeitern angebrachte und finanzierte Lackierung der Seitenflächen in den Farben der amerikanischen Nationalflagge. Foto: Joel L. Gebet

Zu den eindrucksvollsten Vertretern der US-Feuerwehrfahrzeuge gehören die Rüst- und Gefahrgutfahrzeuge.
Besonders imposant wirken die Heavy-Rescue-Trucks auf der Basis der schweren Commercial-Chassis. Das Baltimore City FD in Maryland erwarb im Jahr 1993 diesen 1970er-Brockway 359 mit einem Aufbau der Providence Body Co. von einer freiwilligen Feuerwehr und stellte ihn als Reserve-Rescue in Dienst. Nach mehr als 30 Dienstjahren wurde das einmalige Stück inzwischen ausgesondert. Heavy Rescue Trucks jener Zeit besaßen durchweg durch eine Tür am Heck begehbare Aufbauten. Foto: Jürgen Kiefer

Eine weitere Rarität findet sich im Fahrzeugpark des West Routt Fire District, Hayden/Colorado. Rescue 7-2 ist einer der wenigen Heavy-Rescue-Trucks mit Allradantrieb, was in der Gebirgswelt der Rocky Mountains sicher von Vorteil ist. E One erstellte den Aufbau im Jahr 1982 auf einem schweren Peterbilt-Chassis des Typs 348 6x6. Das Fahrzeug ist mit einer Schnellangriffsausrüstung sowie einem „Cascade-System" zum Wiederbefüllen von Atemluftflaschen ausgerüstet. Foto: Dennis J. Maag

Das Odessa Vol. FD/Delaware beschaffte im Jahr 1986 diesen bulligen Heavy-Rescue-Truck auf Freightliner-Classic-Fahrgestell. Der Aufbau wurde von Saulsbury, dem Marktführer für Rüstwagen ausgeführt. Neben der üblichen Ausstattung besitzt das Fahrzeug eine eingebaute 250-gpm-Pumpe mit 300-Gallonen-Tank. Die Besatzung ist damit in der Lage, selbstständig einen Schnellangriff, beispielsweise bei Fahrzeugbränden, durchzuführen. Foto: Jürgen Kiefer

Squad 20 des Marlboro Vol. FD/Maryland ist dieser höchst attraktive Heavy-Rescue-Truck, den Marion im Jahr 1987 auf einem kanadischen Western Star 4942 ausführte. Das in Wisconsin beheimatete Unternehmen Marion Body Works ist auf den Bau von Rüstwagen spezialisiert, daneben werden aber auch Löschfahrzeuge und Tanker produziert. Der Truck-Hersteller Western Star gehört heute zum DaimlerChrysler-Konzern. Foto: Shaun P. Ryan

Das Prince George's County FD ist eine der größten Berufsfeuerwehren in Maryland. Zusammen mit zahlreichen freiwilligen Feuerwehren stellt sie den Brandschutz in einem der bevölkerungsreichsten Kreise dieses Bundesstaates sicher.

In Allentown Road stationiert ist Rescue Squad 47, ein 1990er-Freightliner FLC 112 mit einem Aufbau von American Eagle, eines kleinen Unternehmens, das heute zu E-One gehört. Foto: Jürgen Kiefer

Seinen bis zu diesem Zeitpunkt größten Rescue-Truck lieferte E-One im Jahr 1990 an das O.W.L. (Occoquan-Woodbridge-Lorton) FD in Virginia, eine der größten freiwilligen Feuerwehren dieses Bundesstaates. Rescue Squad 2 ist auf einem E-One-Hurricane-Hush-Chassis mit Mittelmotor und Command-Cab aufgebaut, der geräumige Aufbau ist begehbar. San Antonio/Texas stellte wenig später einen noch größeren E-One-Rescue-Truck in Dienst. Foto: Shaun P. Ryan

Das dritte Fahrzeug aus Hicksville/New York im vorliegenden Buch, und natürlich ist es wiederum ein Sutphen. Der Heavy-Rescue-Truck der Floodlight Heavy Rescue Co. 8 wurde im Jahr 1992 von SuperVac, einem weiteren Spezialisten für Fahrzeuge dieser Art, auf einem Sutphen Deluge aufgebaut. Auch bei diesem Truck ist der Aufbau begehbar. Sutphen selbst baut keine eigenen Rüstwagen. Foto: Jürgen Kiefer

Das Mt. Penn Vol. FD/Pennsylvania beschaffte im Jahr 1993 einen Heavy-Rescue-Truck auf Ford LN 8000. Der Aufbau wurde von der in Elizabethville/Pennsylvania beheimateten Swab Wagon Co. erstellt, einem Unternehmen, das seit dem Jahr 1868 besteht und damit zu den ältesten Firmen der Branche zählt.
Eine Besonderheit stellt der zwischen Fahrerhaus und Aufbau montierte 5-Tonnen-Kran dar. Foto: Jürgen Kiefer

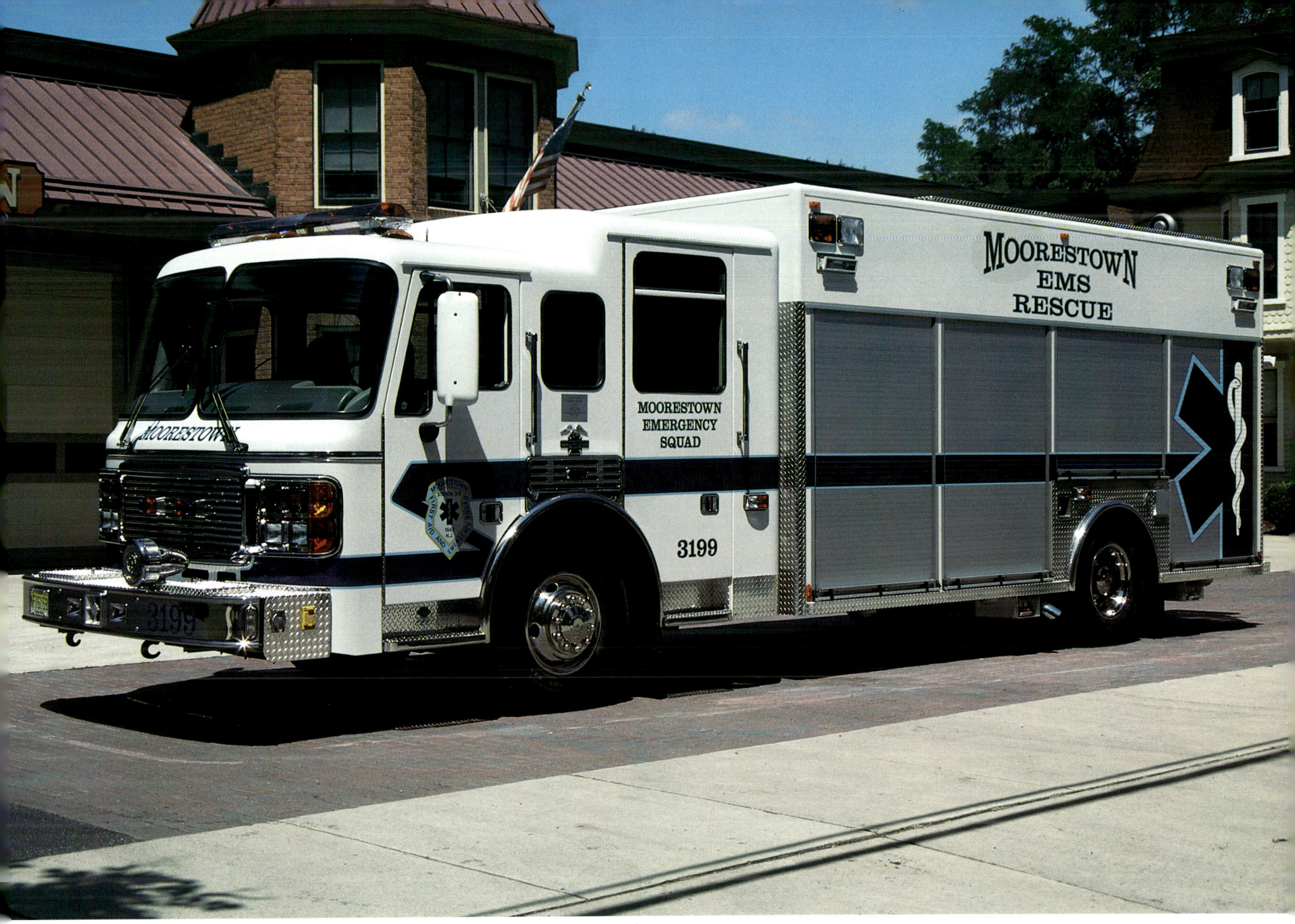

Schwere Rüstwagen werden nicht nur von Feuerwehren vorgehalten, auch EMS-Dienste besitzen gelegentlich Fahrzeuge dieser Art. Für den Moorestown First Aid and Emergency Squad baute PL Custom, ein Hersteller von Ambulanzen und Rüstwagen mit regionaler Bedeutung, im Jahr 1998 diesen Heavy-Rescue-Truck. Basis ist ein American LaFrance Eagle 148 RR. Der Aufbau ist nicht begehbar.
Foto: Joel L. Gebet

Um eine erweiterte technische Hilfeleistung zu ermöglichen, sind manche Heavy-Rescue-Trucks mit Kränen versehen. Ein besonders leistungsfähiges Exemplar befindet sich seit 1999 im Fahrzeugpark des Loveland-Symmes FD/Ohio. Das Fahrzeug wurde von SuperVac auf einem Spartan Gladiator Super Command aufgebaut, der heckseitig montierte Kran hat eine Tragfähigkeit von 15 Tonnen. Man beachte die Internet-Adresse auf dem weißen Reflexstreifen. Foto: Rick Davis

Das Wantagh FD, Long Island/New York, stellte im Jahr 1999 diesen Super-Rescue von Saulsbury in Dienst. Als Fahrgestell kam auch hier ein Spartan Gladiator Super Command zur Verwendung. Im Gegensatz zum Fahrzeug aus Loveland-Symmes ist der Aufbau begehbar. Auch diese Feuerwehr hat sich für Fahrzeuglackierungen im „Chicago-Style“ entschieden. Ungewöhnlich bei diesem Fahrzeug ist die grün schimmernde Beschriftung. Foto: Jürgen Kiefer

Ebenfalls von Long Island stammt dieser attraktive Rescue-Truck, Besitzer ist das Fire Department von Elmont, einer unmittelbar an der Stadtgrenze New Yorks gelegenen, sehr finanzstarken Kommune. Heavy Rescue 1 des Vol. FD wurde im Jahr 1999 von Rescue 1, einem Tochterunternehmen von PL Custom, gebaut. Als Chassis wählte die Feuerwehr wiederum einen Spartan Gladiator. Dieses Custom-Fahrgestell ist seit vielen Jahren bei US-Feuerwehren äußerst populär. Foto: Joel L. Gebet

Mit Rescue 56 verfügt das Somerset FD/New Jersey seit dem Jahr 2000 über einen der größten Heavy-Rescue-Trucks in diesem Bundesstaat. Der Auftrag wurde an die Seagrave Corporation erteilt, von diesem Unternehmen stammt das Custom-Chassis des Typs TR mit großer Command-Cab. Seagrave baut selbst keine Rüstwagen, daher wurde der begehbare Aufbau von Marion Body erstellt. Foto: Joel L. Gebet

Das Konzept des „Tiller-Trucks" mit gelenktem Auflieger, bisher nur von Drehleitern bekannt, wurde in 2000 erstmals auf einen Heavy-Rescue-Truck übertragen. Nach Vorgaben des Orange FD/California konstruierte SuperVac dieses Fahrzeug, das neben der üblichen Rüstwagenausstattung durch die Mitnahme von 123 ft an tragbaren Leitern auch die Funktion eines City-Service-Trucks erfüllt. Bei der Zugmaschine entschied sich die Feuerwehr für einen Seagrave TT mit 470-PS-Detroit-Diesel. Foto: Charles Madderom

Der bisher größte von der Firma Pierce gebaute, eindrucksvolle Rescue-Truck versieht seit dem Jahr 2000 seinen Dienst auf dem Chicago O'Hare International Airport, einem der größten Flughäfen der Welt. Der Squad 7 der Flughafenfeuerwehr wurde auf einem Pierce Lance mit einer großen Command-Cab aufgebaut. Dieses Fahrzeug ist mit einer „all-Steer“-Option ausgestattet, d. h., dass dabei alle drei Achsen lenkbar sind. Die Motorleistung beträgt 500 PS. Foto: Jim Regan

Der Pierce Quantum wurde bisher nur in relativ geringen Stückzahlen als Rescue-Truck gebaut. Das Central Islip FD, Long Island/New York, erhielt im Jahr 2000 dieses optisch interessante Exemplar. Das angebrachte „Mural" ist eine Anspielung auf die mitgeführten und als „Jaws of Life" bezeichneten hydraulischen Rettungsgeräte. Der Aufbau des Fahrzeugs ist begehbar. Foto: Joel L. Gebet

Rechts oben: Zwei schwere Gefahrgutfahrzeuge aus der Produktion von SuperVac: Für das Clark County FD/Nevada, der größten Feuerwehr des Wüstenstaates, baute die Firma im Jahr 1993 diesen gewaltigen HazMat-Truck auf einem Spartan Gladiator Super Command. Im Einsatzbereich von HazMat 24 liegen die riesigen Hotels und Casinos des berühmten „Strips“ von Las Vegas.
Foto: Jürgen Kiefer

Rechts unten: Auch das DeKalb County FD/Georgia entschied sich bei der Anschaffung eines HazMat-Trucks im Jahr 2000 für die Kombination von Spartan Gladiator und SuperVac. Die Arbeitsplätze für die Einsatzleitung befinden sich bei diesem Fahrzeug in der geräumigen dreitürigen Command-Cab, die Sitzplätze für die Mannschaft im Aufbau. Ein kleiner, auf dem Dach montierter Kran erleichtert den Feuerwehrleuten die Entnahme schwerer Ausrüstungsgegenstände. Foto: Rick Davis

Für die Hazardous Materials Company 1 beschaffte das Fire Department New York City im Jahr 2001 dieses schwere Gefahrgutfahrzeug. Wie bereits bei den Vorgängern kam als Chassis wiederum ein Mack MR zur Verwendung, der Aufbau stammt vom Hauslieferanten Saulsbury. Das Fahrzeug wurde erst nach dem Anschlag vom 11. September in Dienst gestellt. Foto: Joel L. Gebet

Neben den üblichen Heavy-Rescue-Trucks (Pierce Dash) steht dem Los Angeles City FD auch dieses schwere Rüstfahrzeug zur Verfügung. Im Gegensatz zu allen anderen US-Feuerwehren, die über Wrecker verfügen und diese ausschließlich für den Abtransport verunfallter oder liegen gebliebener Einsatzfahrzeuge verwenden, wird Heavy Rescue 56 als Rettungs- und Bergungsgerät eingesetzt. Als Chassis kam ein 1995er-Peterbilt 377 zur Verwendung, der Aufbau mit dem 40-Tonnen-Bergekran stammt vom Spezialisten Century. Das Fahrzeug ersetzte einen aus dem Jahr 1967 stammenden Crown-Wrecker. Foto: Charles Madderom

Terminologie – Umrechnungstabellen

Aerial:	Gattungsbegriff für Hubrettungsfahrzeuge
Aerial Ladder:	Drehleiter
Aerial-Tower:	Drehleiter mit Korb/Leiterbühne
ARFF-Truck (Aircraft-Rescue-Fire-Fighting):	Flughafenlöschfahrzeug
Brush-Truck:	Waldbrandlöschfahrzeug
City-Service-Truck:	Fahrzeug zum Transport tragbarer Leitern
Command-Cab:	Fahrer- und Mannschaftskabine mit erhöhtem Dach
Commercial Chassis:	Einsatzfahrzeug auf handelsüblichem Fahrgestell
Crash-Truck:	Flughafenlöschfahrzeug
Custom-Chassis:	Einsatzfahrzeug auf Feuerwehr-Spezialfahrgestell
EMS (Emergency Medical Service):	Rettungsdienst
Engine, Engine-Company:	Motor, Löschfahrzeug
FD (Fire Department):	Feuerwehr
FPD (Fire Protection District):	Feuerwehr in ländlichen Regionen
Foam-Pumper:	Schaumlöschfahrzeug
Foam-Tanker:	Schaumtankfahrzeug
Haz Mat Unit:	Gerätewagen Gefahrgut
Heavy-Rescue-Truck:	Schwerer Rüstwagen
Hose-Truck, Hose-Tender:	Schlauchwagen
Industrial Unit:	Industrielöschfahrzeug
Ladder, Ladder Company	Drehleiter
Midmount Aerial:	Drehleiter mit Drehkranz hinter dem Fahrerhaus
Mural:	Künstlerische Darstellung auf Einsatzfahrzeugen
Pumper:	Löschfahrzeug
Pumper-Tanker:	Großtanklöschfahrzeug
Quint:	Löschfahrzeug mit fest eingebauter Pumpe, Wassertank, Schlauchvorrat, tragbaren Leitern und Drehleiter/Gelenkmast
Rearmount Aerial:	Drehleiter mit Drehkranz über der Hinterachse
Rescue-Truck, Rescue-Company:	Rüstwagen
Rescue-Pumper:	Hilfeleistungslöschfahrzeug
Snorkel:	Allgemeine Bezeichnung und Markenname für Gelenkmast
Squad:	Rüstwagen
Squrt:	Allgemeine Bezeichnung und Markenname für Gelenklöscharm
Super-Pumper:	Löschfahrzeug mit sehr großer Pumpenleistung (2000 gpm und mehr)
Tillered Aerial, Tractor-Drawn Aerial:	Drehleiter in Sattelschlepperbauart mit gelenkter Hinterachse
Tower, Tower-Ladder:	Leiterbühne/GelenkmastAstroi/Teleskopmast
Truck:	Lastwagen, Hubrettungsfahrzeug
Vol. FD (Volunteer Fire Department):	Freiwillige Feuerwehr

Pumpen-Förderleistungen, gemessen in US-Gallons per Minute (gpm)

1	gpm	3,785	l/min
100	gpm	378,5	l/min
250	gpm	946	l/min
500	gpm	1893	l/min
750	gpm	2839	l/min
1000	gpm	3785	l/min
1250	gpm	4731	l/min
1500	gpm	5678	l/min
1750	gpm	6624	l/min
2000	gpm	7570	l/min
2250	gpm	8516	l/min
2500	gpm	9463	l/min
3000	gpm	11355	l/min
3500	gpm	13248	l/min
6000	gpm	22710	l/min

Wasser- und Schaummitteltankinhalte, gemessen in US-Gallons (gal)

1	gal	3,785	l
50	gal	189,25	l
100	gal	378,5	l
250	gal	946	l
500	gal	1893	l
750	gal	2839	l
1000	gal	3785	l
1500	gal	5678	l
2000	gal	7570	l
2500	gal	9463	l
3000	gal	11355	l
5000	gal	18925	l
10000	gal	37850	l

Steighöhen von Hubrettungsfahrzeugen in foot (ft)

1	ft	0,3048	m
50	ft	15,3	m
65	ft	19,8	m
75	ft	22,9	m
85	ft	25,9	m
100	ft	30,5	m
110	ft	33,6	m
125	ft	38	m
135	ft	41,2	m
150	ft	45,7	m

Pulverlöschmittel, gemessen in Pound

10	Pound	4,54	kg
50	Pound	22,68	kg
100	Pound	45,36	kg
150	Pound	68,04	kg
200	Pound	90,72	kg
250	Pound	113,40	kg
300	Pound	136,08	kg
400	Pound	181,44	kg
500	Pound	226,80	kg
600	Pound	272,16	kg